トコトンやさしい風力発電の本

一張圖讀懂
風力發電

牛山泉◎著　李漢庭◎譯

臺灣大學工程科學
及海洋工程系教授
林輝政◎審訂

前言

目前世界正積極研究地球暖化的問題。地球暖化的主因是二氧化碳排放，於是全球正大力推動風力發電，作為減少二氧化碳的王牌。

全球風力發電的累積開發容量，在2009年底達到了125GW-十四萬座，相當於全球電力需求的1.4%（歐洲為4.4%）。光是2008年的新開發容量，就有每年28．2GW-兩萬座，市場規模也達到5兆日圓。只要照這個規模持續成長下去，預計2020年風力發電就能達到全球電力供給的12%。

丹麥全國20%的電力由風力發電供應，美國推動綠色新政策，2030年之前要建造305GW-十五萬座風力發電機，滿足全國20%的電力需求。

從以下四個理由，可以明白為什麼風力發電會發展得如此迅速。

①不會產生二氧化碳，是對環境負擔較低的電力來源。②是石油的替代能源之一。③風力是各國自產的能源，可以保障能源安全。④風力發電產業可以振興經濟，創造就業機會。

本書寫作時正值2009年12月，也就是COP15（氣候高峰會）在哥本哈根召開的時間。然而會議中先進國家與開發中國家的對立，卻將減排溫室效應氣體這類重要的議題擱置不管。那麼，環境負擔較小的可再生能源，是否足以填補化石燃料減少的空缺？

日本一直以來都與其他先進國家不同，政策上偏重於太陽能發電，然而，現在全世界正一面倒地努力開發風力發電。因為除了風力之外，沒有其他能源能同時具有①豐富、②廉價、③無窮盡、④隨處皆有、⑤無污染、⑥可再生利用等特色。

以往風力發電研發缺乏宣傳與資訊，是因為大眾並不了解風力的能源潛力。因此筆者寫作本書之目的，就是使一般大眾了解風力發電的歷史與最新資訊，同時說明日本風力發電有多大的潛力，足以防止地球暖化，推動大型產業。

我有幸在新能源普及啟發的重要機構，新能源基金會企劃委員會中提供一己之力，尤其是長年任職於風力委員會委員長，讓我獲得各個委員的大力相助。在此特別感謝同委員會第三分科會主審，負責「風力發電Q＆A」章節的上田悅紀先生（三菱重工業有限公司），仔細閱讀我的原稿，給予我適當的建議，並協助校正。

本書若能增加大眾對風力發電的理解，幫助推廣風力發電，就是筆者的榮幸。

就個人來說，本書大半是在2009年夏天歐洲出差期間，於布拉格、布魯諾、巴黎等地的飯店所完成，是我一段難忘的回憶。而我也要感謝日刊工業新聞社出版局的三澤薰先生，大力協助本書的發行。

最後我由衷感謝我親愛的妻子，Meine Liebe Frau富士子，長久以來支持我這個一意孤行、熱愛研究的人，並已先我一步回歸天際。在此將本書獻給各位。

2010年1月

足利工業大學　牛山　泉

推薦序

20世紀石化燃料大量消費，使得大氣中CO_2含量急遽上升，造成大氣溫度增高、氣候異常，大風、大浪與大雨成為大氣常態，每年所造成的生命財產損失不可計數。另一方面，經過長期挖掘，石化燃料日愈枯竭，2007～2008年間全球油價的大漲，讓大家驚覺到地球資源的有限，如何應用綠色能源成為大家積極探討的課題。風能是目前發展最快、應用最廣、電力生產量最高、也是成本最便宜的綠能之一，因此，目前歐美亞洲各國無不積極投入風電發展。

日本足利工業大學牛山泉理事長，也是日本風能協會前會長，畢生從事風能相關研究，研究成果斐然，為推廣風能，在足利工業大學設置「風和光的廣場」及「迷你迷你博物館」，將風能研究成果陳列其中，作為推廣、展示與教學使用，其心志令人敬佩。

2010年初牛山教授寄給我他的最新著作《一張圖讀懂風力發電》，其內容淺顯易懂，而且大量使用圖表、漫畫、數據來呈現具體內容，是一本無論是初學者、學生、社會人士都能看得懂的風能入門書籍。收到這本書後，心想如果這本書也能譯成中文在臺灣發行，將非常有益於臺灣的風能發展，因此馬上與牛山教授聯繫並獲得同意在臺灣出版，由本人審訂、世茂出版社出版。由於本書的淺顯易懂，內容含蓋風能各個領域，因此特向大家大力推薦，期待能促進臺灣的風能應用與發展。

林輝政　教授
臺灣大學工程科學及海洋工程系

作者簡介

牛山 泉

1942 年出生於長野縣長野市。

1971 年修得上智大學理工研究所博士學位，曾任足利工業大學機械工程系專任講師、助教授，於 1985 年升任教授。1998 年擔任空中大學客座教授，同年擔任中國浙江工業大學客座教授，同年任職足利工業大學綜合研究中心主管，2008 年任職足利工業大學校長，2014 年擔任足利工業大學法人理事長。

審訂者簡介

林輝政

專長：複合材料、結構力學、風力能源

現職：臺灣大學工程科學及海洋工程系教授

學歷：臺灣大學造船工程博士

經歷：澎湖科技大學校長、副校長

澎湖科技大學海洋資源暨工程學院院長

臺大與工研院合設奈米科技研究中心副主任

Visiting Professor, Dept. of Information and Electrical Eng., UMBC, U.S.A.

Visiting researcher, Lab. of Material Science and Engineering, NIST, U.S.A.

臺灣大學 工程科學及海洋工程系教授、系主任、所長

臺灣大學 造船及海洋工程系教授、系主任、所長

Visiting scholar, School of Aeronautics and Astronautics, Purdue University, U.S.A.

第3章 風力發電的構造

第4章 風車的種類與使用方式

第5章 如何建造風力發電機

第6章 風車時代已經來臨

第7章 風力發電Q&A

『專欄』

第1章

何謂風力發電

1 為何目前風力發電越來越多？

防止地球暖化，取代石油的王牌

風力發電，是以風車將風的動能轉換為機械旋轉能，再以該旋轉能轉動發電機來發電。因此，風力發電最大的特徵，就是不需要像以往的主要發電來源，也就是火力發電一般，使用煤礦、石油、天然氣等燃料，也不需要像核分裂發電一樣使用鈾燃料。

人類目前正面臨四大問題，也就是①以地球暖化為首的環保問題；②石油、天然氣等化石燃料的枯竭；③能源自給自足率過低；④刺激經濟與創造就業。邁入二十一世紀以來，全世界的風力發電數量急速增加，正是因為風力發電對解決以上的問題有莫大的幫助。

風力能源的特性就是豐富且廉價、環保且無窮盡、分布範圍廣、可再生使用。除了風力之外，沒有任何能源具此特性。

人類想要舒適生活，就必須消耗能源。但是以往使用石油與煤炭產生能源，會排放二氧化碳，而高濃度的二氧化碳會進而引起地球暖化。而且石油要經過數億年才能產生，如果維持目前的使用量，再過四十年就會完全耗盡。而核能發電的危險性與廢棄物處理也相當令人困擾。

因此，利用不會排放二氧化碳，又不會枯竭，而且沒有危險性的風來進行風力發電，成為一種趨勢。而且石油、煤礦、鈾礦等燃料有產地分布的因素，但是風卻是全世界所共享的能源。因此風力可以提高各國能源自給自足率，減少能源安全問題。更進一步來看，風力發電這項全新產業，正不斷創造更多工作機會。更進一步地與太陽能發電合併使用，可以有效減少開發中國家的無電村落。

重點BOX

- 風力發電是以風車將風轉變為旋轉能來轉動發電機
- 可以同時解決地球暖化與化石燃料枯竭問題
- 世界各地都有風在吹，既環保又無窮盡

大氣中二氧化碳濃度的增加傾向（南極東方觀測站）

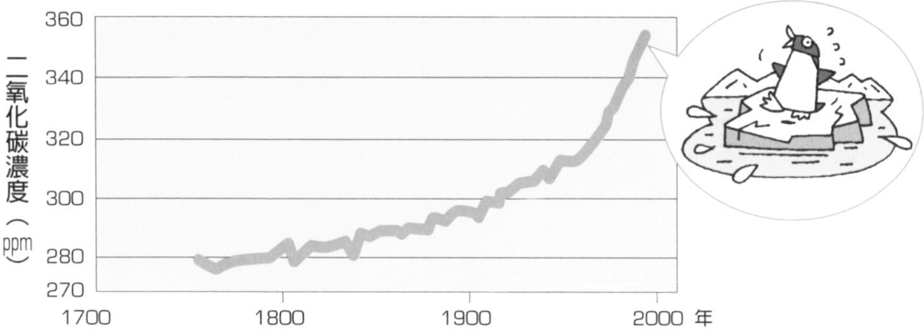

風力發電與其他發電方式的成本比較（資料來自Lester Russell Brown）

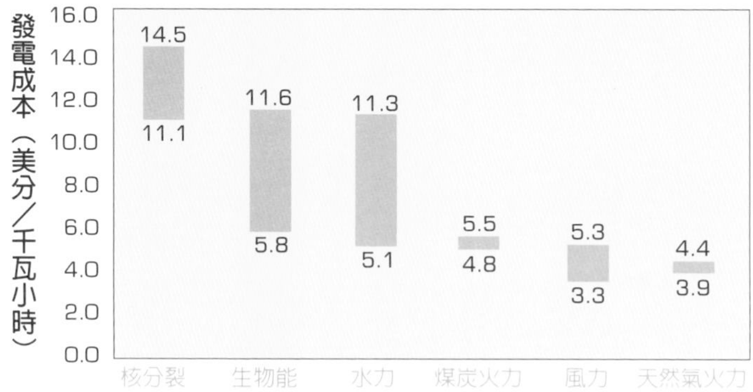

各大主要國家的能源自給自足率

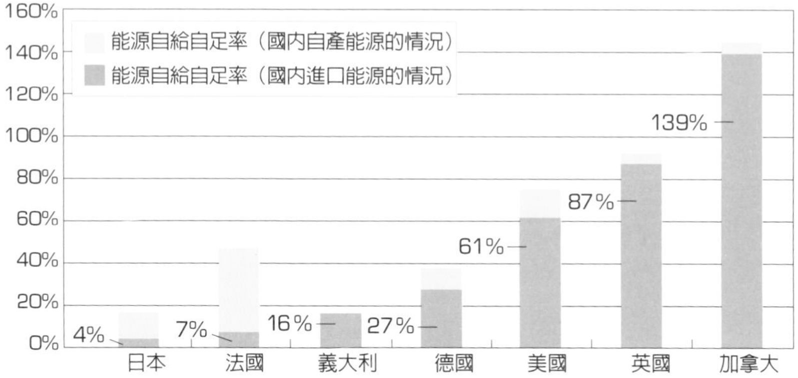

出處：《IEA/Energy Balances of OECD Countries 2003-2004》(2006 Edituion)

用詞解說

能源安全：穩定供給能源，提高自給自足率，是保障國家安全的要件。

2 全世界都有風力發電在運轉

世界的風力發電正在蓬勃發展

從下圖可以得知，全世界的風力發電建造量從二十一世紀開始便急速增加。2008年底總計121GW（億瓦），相當於一百二十座100萬kW（千瓦）的大型核能發電廠。雖然這個數字只佔所有發電設備的3%，但是每年都以20%的速度在成長。

尤其是歐美國家，新建造的電源設施中有40%是風力發電，美國更接連建設由數百部風車所構成的風力農場。2008年在德州與愛荷華州為主的地區開始建設8.4GW（約五千座風車）規模，相當於世界風力發電總量的31%。只要持續成長下去，世界總電力在2020年將有12%由風力發電供應。

主要國家風力發電的建造比例如下圖所示，從圖中觀察世界趨勢，可以發現二十世紀末風力發電開始盛行，其中丹麥的風力發電機製造量、使用量都獨步於全球。之後，德國與西班牙也投入市場，使得丹麥的風力發電在二十一世紀之後開始減緩。後來德國與西班牙雖然努力增加數量，但是從2007年開始，美國、中國、印度的風力發電引進卻更為搶眼。可惜的是，目前日本的風力發電世界排名僅是第十三名左右。

世界風力能源協會「Wind Force 12」為風力發電擬定了未來目標，就是在2020年之前讓風力發電達到全世界供電量的12%；歐盟計畫在2020年達到供電量的20%；美國將風力發電視為綠色新政策的一環，期望在2030年之前以風力發電供應全美30%的電力。各國的目標都相當高。

往後，可以想見全球都將更致力於引進風力發電。

重點BOX
- ●風力發電是有力的實用發電設施
- ●美國與歐洲各國大力推動
- ●2020年，全球風力發電目標是總電力需求的12%

全球風力發電設備容量演進

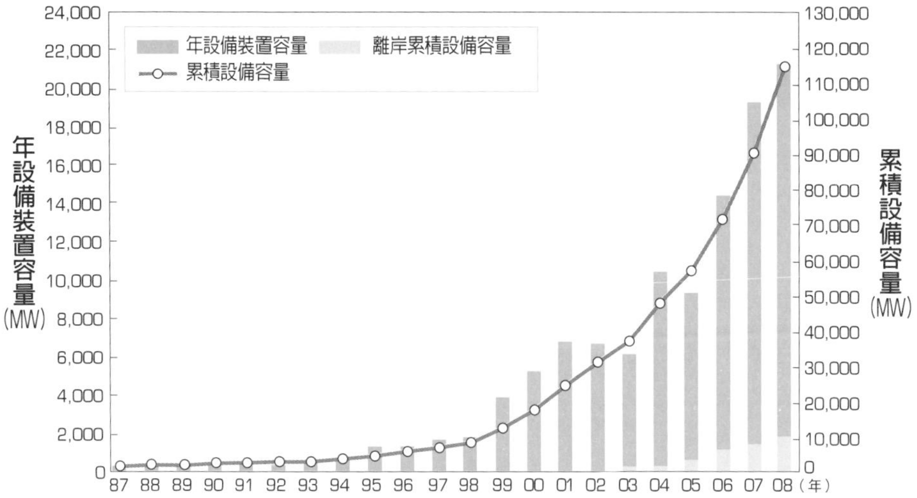

出處：《BTM consult APS, March 2009》

主要國家之風力發電開發比例

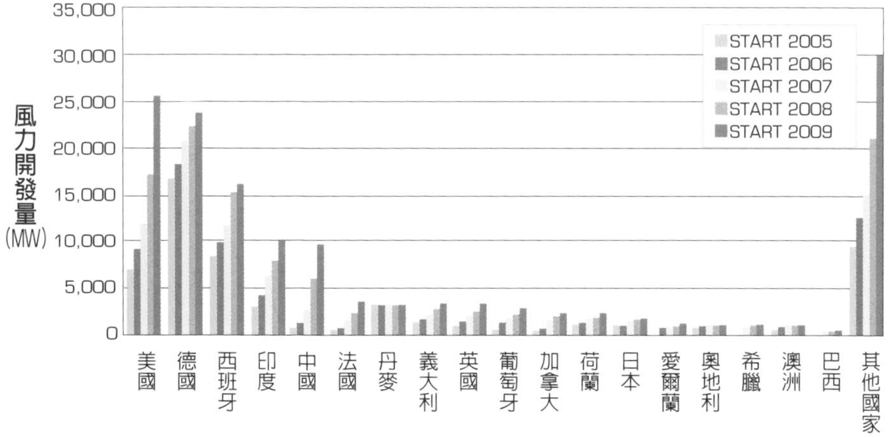

出處：根據《Windpower Monthly》月刊資料所製作

用詞解說

GW：Giga Watt。1GW＝100萬千瓦、10億瓦。

3 世界最早的風力發電

丹麥的P．拉克爾是風力發電之父

風車歷史相當悠久，早在七百年前，歐洲各國就開始使用風車的機械力量，來完成磨麵粉、汲水等許多工作。另一方面，風力發電則出現在十九世紀末期。當時飛行器的研究相當盛行，除了原本使用阻力的荷蘭風車等低速風車，也發明了使用升力的高速風車。另外，十九世紀中葉發明了發電機，使得產業更加活躍，電力需求也水漲船高。

從英國的紀錄來看，1887年J．布萊斯（James Blyth）利用當時剛發明不久的魯賓遜風速計原理，製作了有四個受風籃的垂直軸風車，開始3kW發電，一直使用到1914年為止，長達二十七年。美國則是在1888年由C．F．布拉許（Charles F. Brush）打造了直徑17公尺，葉片多達144片的巨大多葉風車，進行12kW的直流發電，點亮350個鎢絲燈泡，一直使用到1908年，長達二十年。法國也在1887年由C．果楊（Charles de Goyon）採用直徑12公尺的美國製多葉風車進行發電實驗，可惜並未成功。這三個人的風力發電都比1891年的拉克爾要早，但是他們都只建造一部阻力型低速風車而已。

另一方面，拉克爾則是成立了風力研究所，有系統地使用風洞來開發發電用的升力型高速風車，將其普及而達成農村電氣化。這項成就奠定了風力發電王國丹麥的基石，因此他被稱為風力發電之父。

進入二十世紀之後，風力發電僅持續使用於美國部分農村等電力網路不及之處，還有丹麥的部分農村。後來在第二次世界大戰，以及1970年代的石油危機之後，各國一時之間曾努力開發風力發電，但是全球真正開始投入研發，則是在1990年之後的事情。

重點BOX
- ●風力發電誕生於十九世紀末
- ●丹麥的P．拉克爾是風力發電之父
- ●高性能的升力型風車取代阻力型進行發電

法國、美國、英國等各國先驅的風力發電機

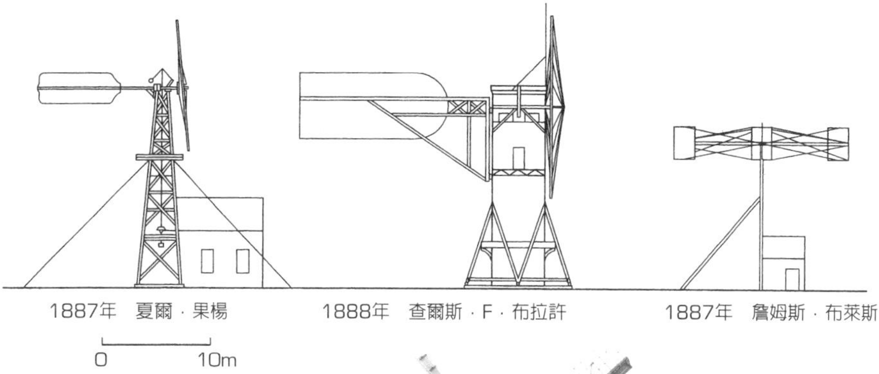

拉克爾風車

P．拉克爾的調速裝置（克拉特斯塔）

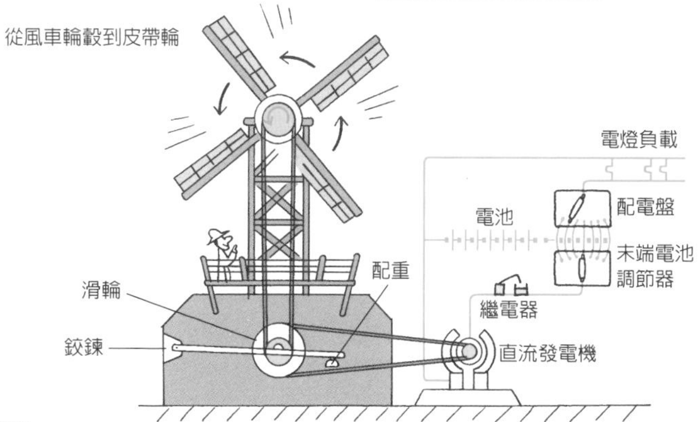

用詞解說

阻力：風吹物體造成推力，其反作用力即是阻力。參考第17項。
升力：風作用在翅膀、葉片上，向上推的力量。參考第17項。

4 日本唯一量產過的小型風車

曾經活躍於北海道的山田風車

日本自古以來，水車就相當發達，但是在二十世紀末之前幾乎沒有使用過風車。唯一一個例外，就是第二次世界大戰結束後不久的1940年代末期，到七〇年代初期之間，有種大量使用的200～300W小型風力發電裝置，名叫「山田風車」。

開發這種風車的山田基博先生，在大戰之前就為北海道漁村提供過一種夜間照明用的200W左右小型風力發電機。大戰結束之後，他申請了北海道地方政府與中央農林省的補助金，將這種小型風車裝設在沒有電力的北海道開拓農家中，一時之間，山田風車幾乎可說是北海道的象徵之一。

山田風車是「双葉片」型，葉片材料採用質輕而堅固的「魚鱗松」。葉片的平面寬度較寬，即使風不大也能轉動，而且加上適當的扭轉角度，啟動更為方便。另外為了控制強風下的轉速以及確保安全，採用轉子旋轉面整個向上偏的方式。轉子直接連結直流發電機，構造簡單，故障較少，價格也較低廉。當時風車產生的電力用來連接卡車等大型車輛的蓄電池，充電之後可以進行各種用途。

現代風車的葉片設計，無論大型或小型，都是根據「旋翼元素—動量複合理論」來設計。根據理論所設計的葉片，與山田先生根據長年經驗所設計的山田風車葉片相較之下，山田風車的最大功率係數比理論設計葉片要高，而且低葉尖速度比範圍內的性能也比理論設計葉片要好。

由於山田風車後繼無人，並沒有進行工業量產，但是最近的小型（微型）風車卻多少反映了山田風車的經驗。

重點BOX

- ●山田風車是經驗產物
- ●山田葉片適合日本的風力狀態
- ●大戰結束之後的無電力開墾區，經常使用山田風車

山田風車的設置狀況

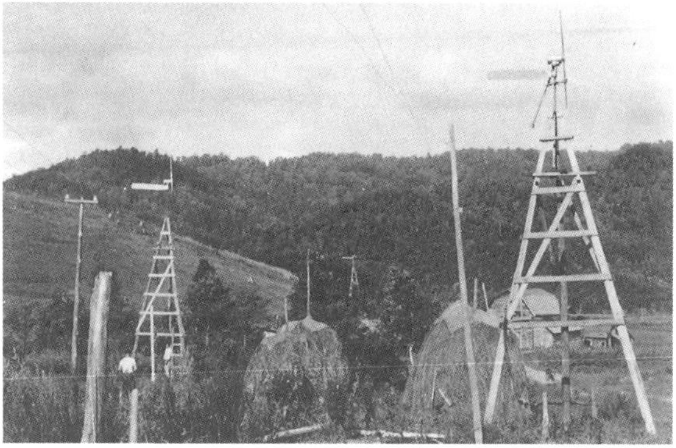
（雙葉片200 w）

（三葉片300 w）

山田風車的性能曲線

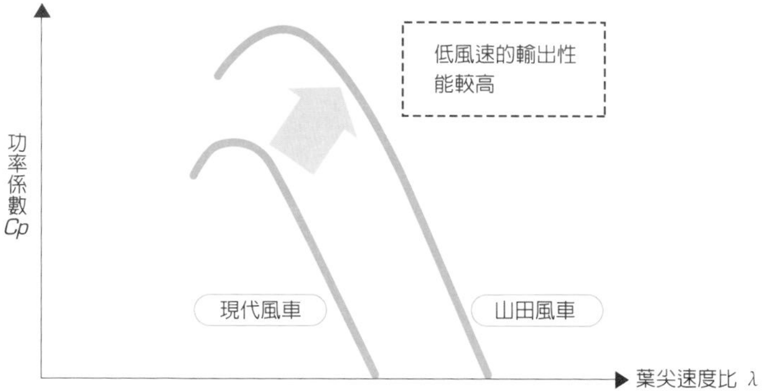

用詞解說

葉片：風車的翅膀。
轉子：風車葉片與輪轂（hub）所構成的旋轉機構。
功率係數：風車可以從風中取出的功率比例。
旋翼元素-動量複合理論：把風車葉片當成許多微小旋翼元素的集合體，從特定旋翼元素與周圍氣流運動量的互動，求出作用於旋翼元素上的空氣力量，分析轉子性能。
低葉尖速度比範圍：葉尖速度與風速的比值較低的範圍。

5 風力發電有何優點？

能源、高安全性、刺激經濟、創造就業

在這一節，我們要來探討風力發電的主要優點。

①減少環境負擔

以生物圈的觀點來看，製造風車本身雖然會產生二氧化碳，但是運轉中完全不會排放二氧化碳，所以對防止地球暖化貢獻極大。另外風力也不像煤炭、石油的火力發電一樣會產生氧化硫或粉塵，對健康也沒有影響。更不會像建造大型水壩一樣破壞自然生態。

②取代即將枯竭的石油

只要風況良好的地方，風力發電就能從自然風中，取出將近40％的電力。發電成本與火力發電差不多。而且是太陽能電池效率的兩倍之多。

③風力是純自產能源

日本的能源自給自足率在先進國家中敬陪末座，只有4％，但是風力是純自產能源，可以幫助提高能源自給自足率。而且不需要依賴政治動盪的中東國家產油，或是經由危險海域運送，能源安全性也會提升。

④風力發電帶來的經濟效益

風力發電可以帶來新的產業，增加就業機會。在2008年，全世界風力發電相關產業的員工數量，總計就達到四十四萬人。而且在日本，設置風力發電機的城鎮鄉村，還可以徵收固定資產稅（土地稅）、法人事業稅（營業稅）等稅收。風力發電業者本身能獲得利益，而地方政府或市民也能自行投資設置風力發電事業，製造利潤。

風力發電技術同時兼顧經濟發展與環保，是有效的雙贏之道。

重點BOX

- 風力發電對環境負擔較小
- 最有力的化石燃料替代能源
- 同時解決環保、能源、經濟問題

風力發電普及的四個理由

1）環保
2）石油替代能源
3）能源安全保障
4）振興產業與增加就業

零二氧化碳的能源
經濟性、大規模化
國內資源
5兆日圓、44萬員工（2008年統計）

- 以目前來看，能夠兼顧經濟發展與環保的解決之道，只有風力發電與核能兩種（未來還會加入太陽能和IGCC*）。
- 歐洲經歷過車諾堡事變，政治上很難推動核能發展。

*IGCC（Integrated Gasification Combined Cycle）
整合型氣化複循環發電系統

風力發電有許多優點。如果人類能好好使用，一定能獲得許多好處。

6 風力變成電力

以風車發電，送到城鎮與家庭中

風力發電，就是用風車（風力渦輪機）將風的動能轉換為機械旋轉能，然後藉由加速齒輪增加旋轉速度，推動發電機來發電。也有不使用加速齒輪，而是增加發電機數量，以較低轉速來發電的方式。

大型風車所產生的電力，可以如圖所示一般，連接到電力公司的電力網路上使用。這時候產生的電力，會透過電纜線連接到升壓變壓器，提高電壓之後再經過系統配電盤投入供電網路。

另外，風車的運轉資訊會透過光纖即時傳送到當地的風力農場辦公室。不僅如此，就連風力發電公司總部，不僅是在國內，甚至是海外運轉中的風車，都可以透過光纖，即時交換資訊。

風車控制，是根據風車塔上叫做「機艙」的巨大箱子裡內建的風向計與風速計來收集資訊，隨著風速來改變風車葉片角度，控制轉速，並且配合風向來調整風車旋轉面，使其保持迎風。

一般來說，高度越高風就越強，所以風車高度越高就越有利。另外，風車從風中取出的能量，與風車葉片的可旋轉面積（受風面積或掃過的面積）成正比，又與風速的三次方成正比，所以只要風速變成兩倍，風車可取出的功率就變成八倍。也就是說，風力發電裝置就是要把最大的風車裝在風最強的地方。

本節說明將生產電力連接到電力系統的系統連接方式，但是小型風車最常見的使用方式不是系統連接，而是直接作為獨立電源，將電力存在電池中使用。

重點BOX

- ●風車要建造在風大的地方
- ●可以自動調整旋轉面方向以及葉片角度
- ●生產電力可以連接到供電網路使用

從風力到電力的能量轉換流程

太陽能 → 大氣 → 風能 → 風車 → 機械旋轉能 → 發電機 → 電能

風力發電廠與電力系統

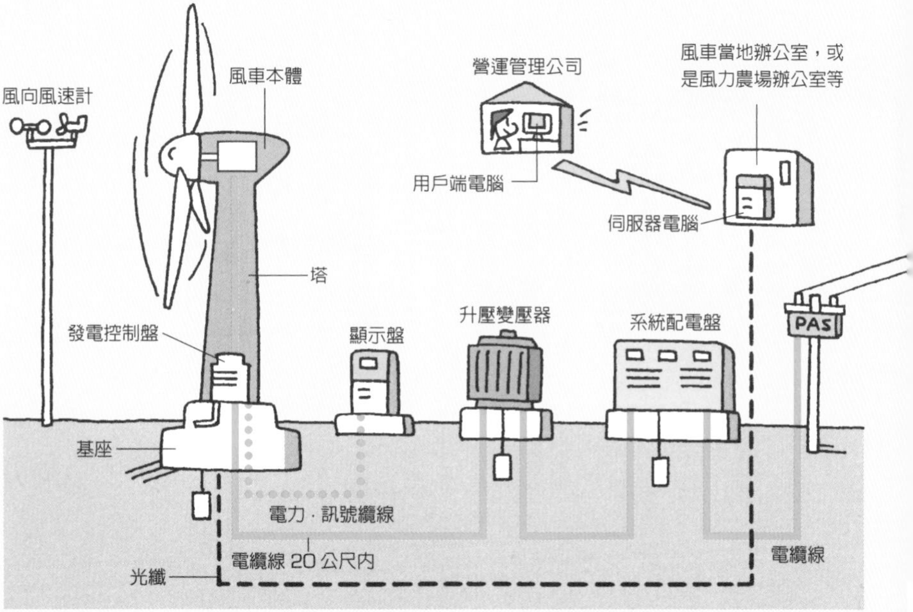

7 風力發電的各種用途

不同用途有不同利用型態

大型風力發電所產生的電力，全都會連接到電力系統上，再以火力發電系統等來調節整個電力系統。另一方面，世界各國一直都把小型風力發電機用在各種用途上。通常小型風力發電會先把電力存在蓄電池中，等必要時才拿來使用。電池必須採直流方式充電，輸出也是直流，所以要用來推動家用電器之前，必須先以換流器轉換為１００Ｖ（日規）的交流電。

中型（輸出規模從10kW到１００kW左右）風力發電機，通常用在開發中國家缺乏商用電源的地區，當作獨立電源，並搭配太陽或柴油發電來使用。有時候要以柴油發電來調節風車輸出變動，或是看情況，而把電力先存在蓄電池中。本節歸納了中小規模風力發電的利用型態圖。

①**電池充電方式**：小型風力發電常用的方式。二次大戰之前的美國中西部，及戰後的北海道開墾區，使用數量都不少。如今開發中國家、或是電線無法抵達的偏遠中繼站、航線標示、氣象觀測站等等，也都會使用小型風車。

②**直接連接負載方式**：只要在有風的時候推動負載即可，例如只要推動電動幫浦汲水，或是以其他方式讓系統具有蓄積功能，就能夠解決風車輸出變動的問題。

③**與內燃機一起使用**：平時以風力發電機與電池供應電力負載，風力不足時就以柴油發電機驅動，可用於離島電源。

④**系統連接方式**：小型風力發電連接電力系統所需的換流器相當昂貴，所以除了大型風機外，這個方式並不常用。另一方面，在其他的國家，離島或開發中國家則有許多連接其他小規模電力系統的例子。

重點BOX

- 大型風力發電的輸出電力可以持續供應電力系統
- 中小型風車可當作獨立電源或動力來源
- 中小型風車有許多使用方式

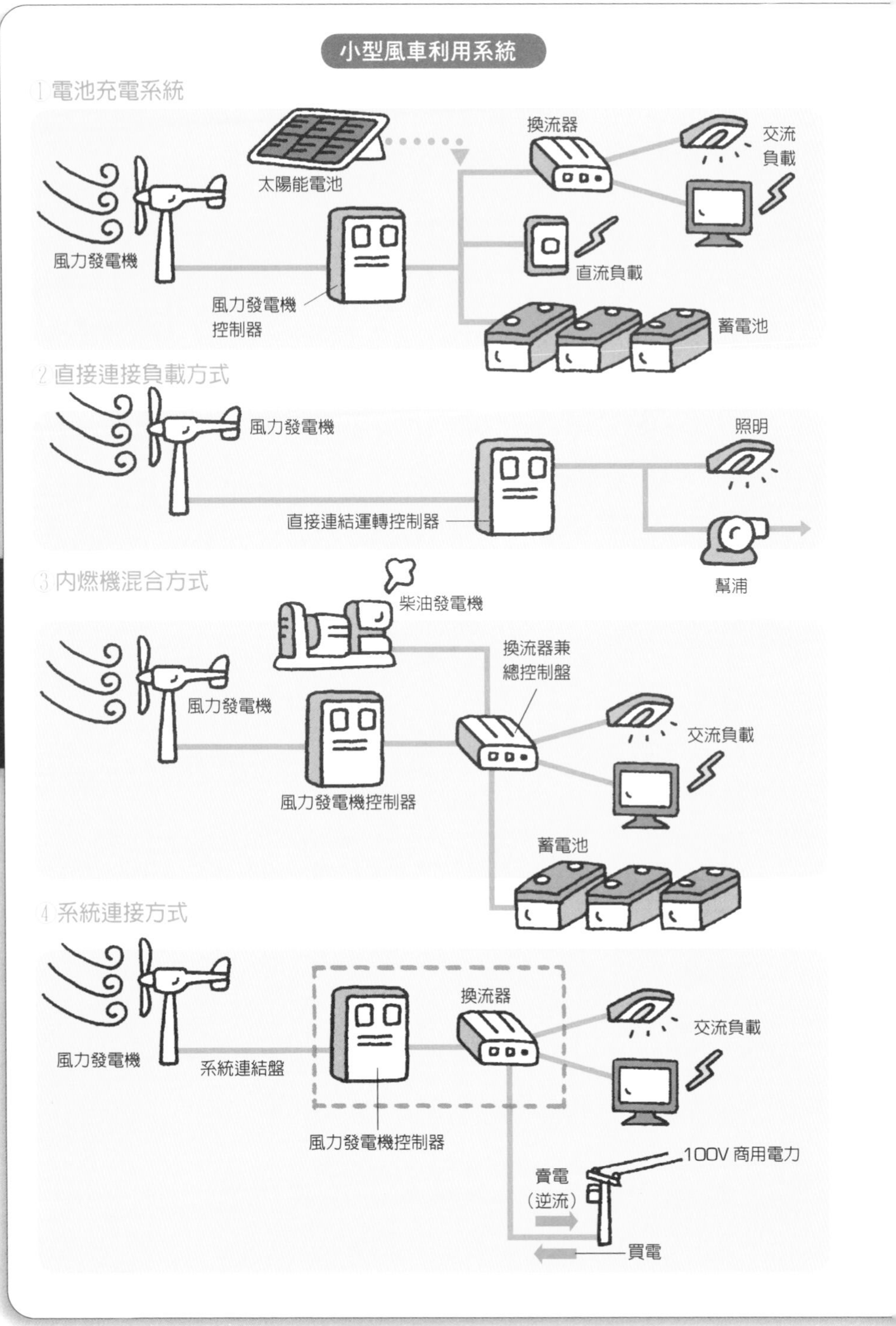

小型風車利用系統
①電池充電系統
太陽能電池
換流器
交流
負載
風力發電機
直流負載
風力發電機
控制器
蓄電池
②直接連接負載方式
風力發電機
照明
直接連結運轉控制器
幫浦
③內燃機混合方式
柴油發電機
換流器兼
總控制盤
風力發電機
交流負載
風力發電機控制器
蓄電池
④系統連接方式
換流器
交流負載
風力發電機
系統連結盤
風力發電機控制器
100V 商用電力
賣電
（逆流）
買電

8 風力發電的環保價值

探討風力發電的環保貢獻度

我們可以從幾個觀點來定義風車的環保價值。①可以避免排放二氧化碳等地球暖化物質。對荷蘭等歐洲各國、南太平洋島國等海拔較低的國家來說，地球暖化可說是國家存亡的重要問題，因此價值可說不斐。

②可避免排放氧化物。使用再生能源的機器對環保貢獻較大，所以目前貢獻最大的機器就是風力發電機。

③一般來說，製造能源機器所消耗的材料，以及生產、報廢所需的能源回收期就叫做「EPT」（Energy payback time）。而風力發電機是目前對環境影響最少的發電設備，而且平均只要三、四個月的回收期。

另外，以2000kW等級的風車來看，設置在年平均風速7m/s的地方，一年就能產生700萬kWh的電力。這相當於一千四百戶家庭一年份的消耗電力。

如果要以石油火力發電廠來產生相同電力，石油消耗量大約是17000kℓ（8700桶）。燃燒所產生的二氧化碳量約5000噸。這樣便了解風力發電裝置有極大的二氧化碳減量效果。而且假設要種植杉木來吸收這5000噸的二氧化碳，就必須種植三十六萬株。又可展現風力發電的環保貢獻度。

根據目前的「Wind Force 12」，2020年要以風力發電供應全球12%的用電量，若2020年全球總發電容量為2950GW，風力發電就佔了343GW；也就是說，採用風車對地球的貢獻，就是減少246億噸的二氧化碳排放。

重點BOX

●2MW等級的風車，一年可以減少5000噸二氧化碳排放

●風力發電的EPT表現最佳，約三、四個月就可回本

2MW等級風車的環保貢獻度

設在平均風速7m/s的地方，每年每台可產生707萬kWh的電力

➡ 13萬座就可以供應全日本所需電力

➡ 換算為一般家庭消耗電力
相當於1400戶

➡ 換算為火力發電廠（石油量）
相當於17000*kℓ*（8700桶）

➡ 換算為二氧化碳減排量
相當於大約5000噸

➡ 換算足以吸收上述二氧化碳的杉木數量
相當於大約36萬株

環保價值的換算小筆記

- 二氧化碳換算：0.453kg/kWh
（根據2008年電氣事業公會資料）
- 原油換算：0.252 l/kWh
（能源使用合理化之法律施行規則）
- 杉木吸收二氧化碳量：14kg/株・年
（日本林野廳的綠色吸收源政策）
- 家庭電力消耗：4209kWh/年
（根據H17年　節能中心資料）

用詞解說

m/s：表示大氣每秒鐘移動距離的單位，米/秒。
kWh：千瓦時，發電量單位，1kW的發電裝置運轉一小時，就是1kWh。

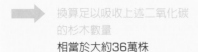

9 世界上的風力發電機廠商

以丹麥為首的演進史

丹麥被稱為風力發電王國。自從十九世紀末領先全球完成風力發電實用化以來，已經努力推廣風力發電將近一百年。尤其在缺乏電力的二次大戰期間，風力發電幫助丹麥度過難關，第二次大戰結束之後更以系統連結方式奠定目前風力發電的基礎。自從1970年代石油危機以來，丹麥一直是全世界風力發電建造數量最多的國家，國內風力發電機產業也是蓬勃發展。

進入二十一世紀之後，全球風力發電業界的版圖稍微改變了。但是從二十世紀末（1999年）的世界大型風車製造商環圈圖來看，丹麥廠商依舊佔了大多數。第二名是德國的Enercon。這時候Vestas和NEG-Micon尚未合併，但是後來這兩家風力業界龍頭合併，Enron和Tackw（德國）合併（現在的GE-Wind），Siemens收購Bonus，Nordex被德國企業併購，使二十一世紀的業界版圖發生變化，可以看出德國企業的崛起。

另一張圖表示2008年全球風力發電業界版圖。總計製造了33GW的大型風車。與二十世紀末比較起來，可發現短短十年內，風力產業就已經風雲變色。雖然丹麥依舊居於首位，但是1999年還沒出頭的西班牙GAMESA和Acciona卻快速成長。而亞洲這邊有印度的Suzlon，中國的華銳、金風、東方等企業抬頭，往後想必也會持續成長。日本的三菱重工業居第十三名，但是此後發展可期，日本製鋼所與富士重工業也準備迎頭趕上。

往後離岸風力發電更加發達，只有準備周全的大企業才能生存吧。

重點BOX

- ●丹麥在二十世紀是全球風車製造中心
- ●進入二十一世紀後，德國急起直追，美國也不落人後
- ●往後不能忽略中國與印度的崛起

1999年世界主要風車製造廠商

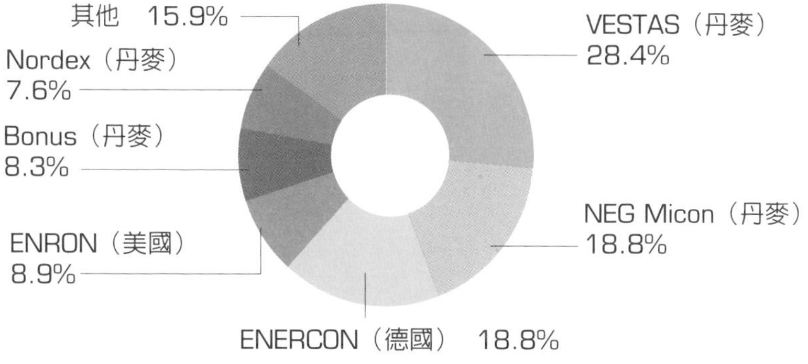
其他　15.9%
Nordex（丹麥）
7.6%
Bonus（丹麥）
8.3%
ENRON（美國）
8.9%
VESTAS（丹麥）
28.4%
NEG Micon（丹麥）
18.8%
ENERCON（德國）　18.8%

新比例（2008年）

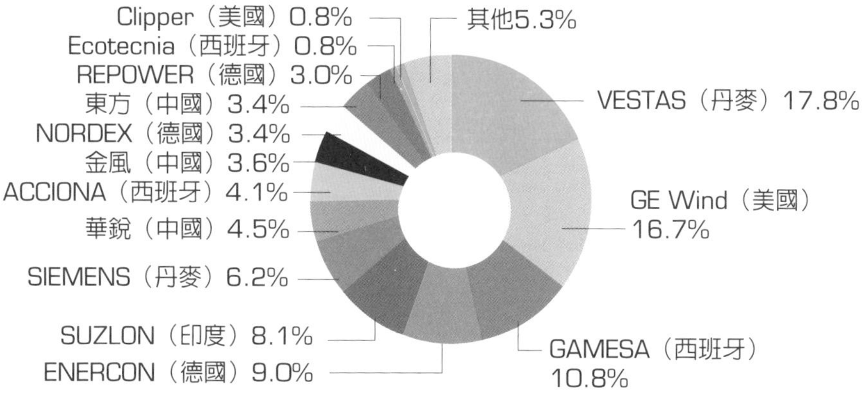
Clipper（美國）0.8%
Ecotecnia（西班牙）0.8%
REPOWER（德國）3.0%
東方（中國）3.4%
NORDEX（德國）3.4%
金風（中國）3.6%
ACCIONA（西班牙）4.1%
華銳（中國）4.5%
SIEMENS（丹麥）6.2%
SUZLON（印度）8.1%
ENERCON（德國）9.0%
其他5.3%
VESTAS（丹麥）17.8%
GE Wind（美國）
16.7%
GAMESA（西班牙）
10.8%

累積比例（2008年底）

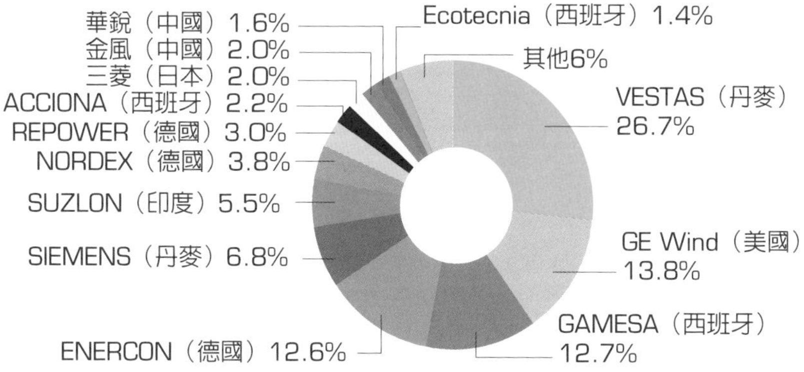
華銳（中國）1.6%
金風（中國）2.0%
三菱（日本）2.0%
ACCIONA（西班牙）2.2%
REPOWER（德國）3.0%
NORDEX（德國）3.8%
SUZLON（印度）5.5%
SIEMENS（丹麥）6.8%
ENERCON（德國）12.6%
Ecotecnia（西班牙）1.4%
其他6%
VESTAS（丹麥）
26.7%
GE Wind（美國）
13.8%
GAMESA（西班牙）
12.7%

容易混淆的風力發電輸出——何謂額定輸出？

先前的發電系統分成使用蒸氣渦輪的火力發電與核能發電、水力發電，還有天然氣渦輪發電等種類。而不僅是風力發電，我們在看這些發電裝置的新聞報導時，總不明白「額定輸出」這個詞的涵義，可能會因此接收錯誤訊息。

火力發電、核能發電、水力發電在開始運轉之後，幾乎都會保持一定的輸出（額定輸出）。

相較之下，風力發電是設計為風速12～14m／s時產生最大輸出（額定輸出），但是實際上風幾乎不會以定速吹拂。所以幾乎所有時間的輸出都在額定輸出以下。

風車輸出與風速三次方成正比，所以額定風速12m／s的風車在以6m／s的風速運轉，輸出就只有額定輸出的1／8。

看看其他再生能源，水力發電和地熱發電幾乎都維持額定輸出，但是太陽能電池也是在陽光最強的時候才有最大輸出，夜間幾乎不發電，而陰天或下雨的時候發電量也會明顯降低。

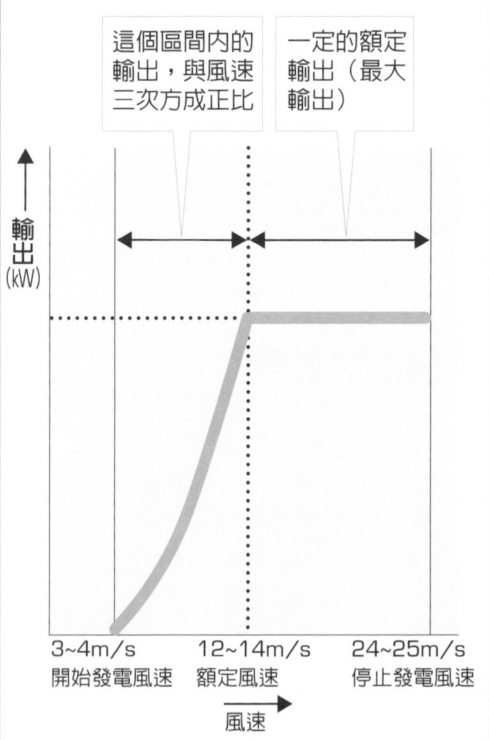

第 2 章

風與風力發電

10 風來自何處

從全球規模的風到地區規模的風

風看不見也碰不到，而且難以捉摸，所以人們用風來形容不清楚、不穩定的東西。大約兩千年前所完成的《新約聖經》中也說過：「風隨著意思吹，你聽見風的響聲，卻不曉得從哪裏來，往哪裏去？」（約翰福音）。也有人會說：「今天吹的是什麼風？」風就是這麼難以捉摸的東西，但是最近人類藉著電腦與人造衛星的力量，大大推動了氣象學發展，因此地球上的風向也逐漸揭開神秘面紗。

那麼，為什麼會有風？答案是「太陽照射地球加溫，不同溫度的空氣之間形成了風」。太陽的能量，在烈日當頭的赤道附近最強，而在北極、南極等高緯度地區較弱。赤道附近的海面與陸地溫度較高，接觸這些地方的空氣就會變熱變輕，然後往上升。空氣上升，氣壓就降低，所以北半球會吹東北風，南半球會吹東南風。而為什麼沒有正北風跟正南風呢？那是地球自轉影響所致。

大氣從南北方往赤道移動，這種全球規模的大氣流動稱為「大氣大循環」，也稱為「信風」（trade wind）。空氣從氣壓高的地方往氣壓低的地方吹，就像風往赤道吹一樣，是風的基本原理。地球除了從南北方往赤道吹的風之外，還有地球自轉造成由西往東吹的「西風帶」。日本上空12 km到16 km這一段空間，就是由西往東吹的風。

除了這種全球規模的大風之外，還有隨著季節改變風向的「季風」，以及規模更小，以一天為週期的「海風、陸風」「山風、谷風」，或是在特殊氣象條件下才會產生的颱風、龍捲風等等。

重點BOX
- ●風就是太陽能的不同型態
- ●分成信風、西風帶、海風、季風等種類
- ●特殊氣象條件下還會產生颱風或龍捲風

地球上的風產生模型

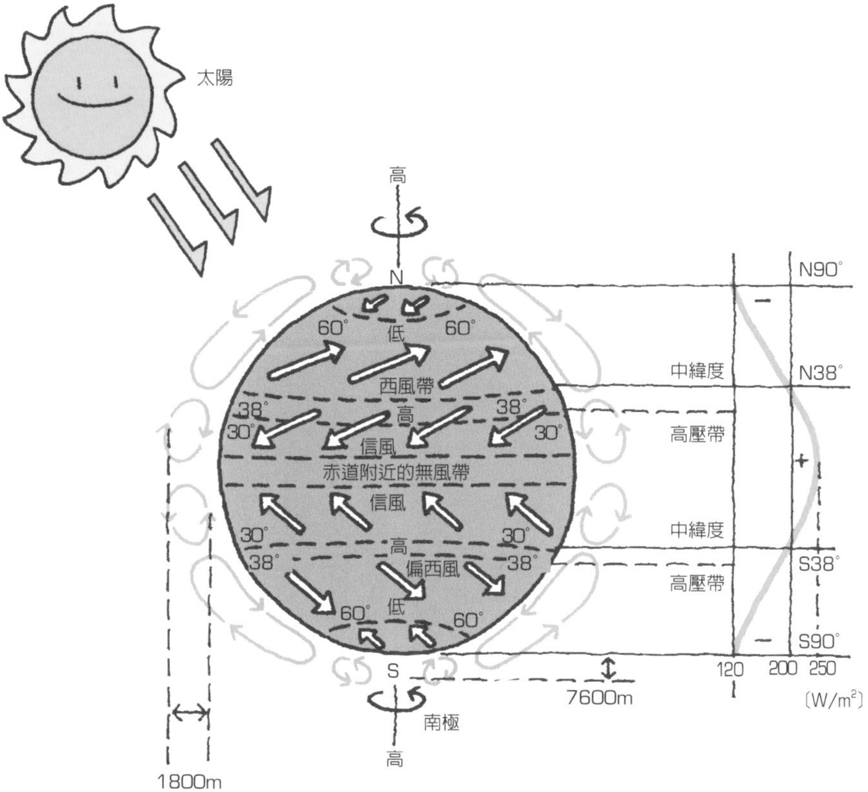

(a) 全球的基本風向

(b) 地球所接收的太陽能收支狀況

概觀來說，地球上的風就如圖所示，但是每個地方的地理條件與地形，會使風向改變。

11 風所吹起的全球化

二十世紀飛機技術成熟，尤其自從1970年代以後出現了巨無霸噴射客機，能夠運送大量旅客，地球也變得越來越小。再加上二十世紀末，網際網路等資訊技術高速發展，如今全球化已經是不可動搖的趨勢。

然而當我們回顧世界歷史，就會發現全球化的第一位功臣，其實是風力。第58項會提到，十五世紀末到十六世紀初之間，哥倫布、達迦瑪（Vasco da Gama）、阿美利哥．維斯普西（Amerigo Vespucci）、巴爾波亞（Vasco Nuñez de Balboa）、麥哲倫等人以近代帆船揭開大航海時代的序幕，證實地球球體論，才是全球化的起點。

以往人類找不到安全穩定的方法度過大陸之間的海洋，所以「風力」確實是全球化的第一號推手。一直到十九世紀中葉，才有蒸氣動力船橫渡大西洋和太平洋，所以這期間有三百年以上，船隻動力都只靠風力而已。

另一方面，在2009年全球受到可怕的新流感威脅，而在1919年時所爆發的流感「西班牙大流感」，據說就是病毒藉由平流層氣流與地表氣流之間的空氣漩渦，四處散佈所造成。這時候，能在大陸與大陸之間飛行的民航機尚未實用化，病毒卻能從孟買到波士頓，再到阿拉斯加的偏僻地區，只花了一到兩周就遍佈全球，遠超過當時人類交流的速度。當時日本有四十五萬人喪命，全球死亡人數則超過三千萬以上。

聽起來或許難以置信，但是風確實有如此驚人的全球化能量。

二十一世紀只要好好利用風力，將能創造出永續的社會。

風力推動的大航海時代演變為全球化

重點BOX

- ●風中蘊含有全球化能量
- ●十六世紀的大航海時代依賴風力
- ●二十世紀的西班牙大流感、風力發電，都依賴風力

大航海時代與西班牙大流感，都依賴「風力」

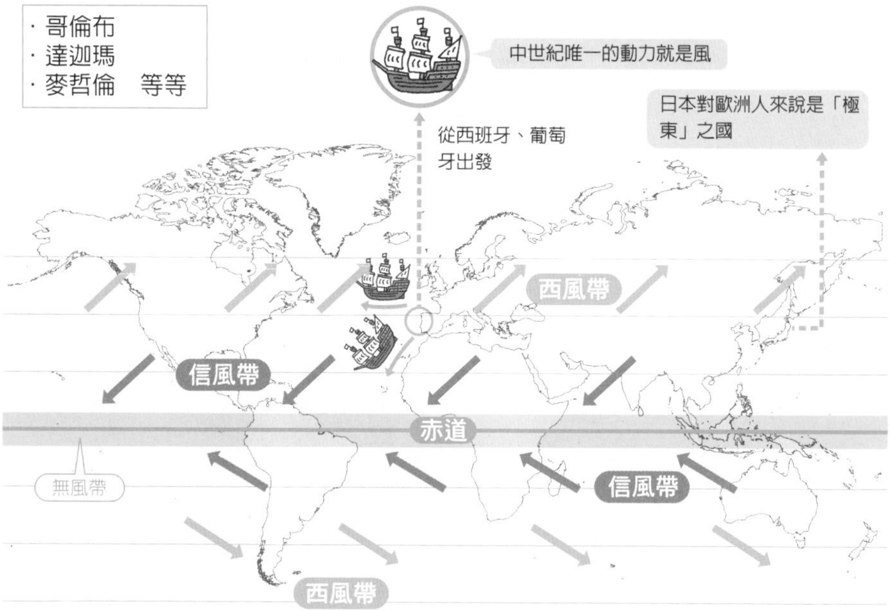

風中蘊含有全球化的力量，
可以推動船隻，散佈病毒。

12 風力能源

風中隱藏有巨大的能量

第10項的模型圖說明了地球上的風大概如何流動。但是這些風不過是平均值，每個地方的地形、地理條件都會影響風向，產生風大和風小的差別。風力發電盛行的德國、丹麥、西班牙、荷蘭、英國等國家位於偏西風帶，全年都有適度的風吹拂，所以自古以來就懂得用風車來汲水、磨麵粉。

另一方面，美國從1980年代之後，在加州等中西部州，也建設了大規模的風力農場，因為這些州也都吹著適度的風。堪薩斯州的名稱，據說是印地安原住民語中「旋風」的意思。

根據之前的研究，地球上各地區的年平均風速，有著明顯的強弱之分，但是以二十年作平均來看的話，平均值只有±7%左右的變動。左頁上圖是第51項會介紹的內容，山形縣立川町（現在的庄內町）十五年之間的年平均風速。從圖中可以發現特別突出的年份有±10%左右的變動，但是一般年份只有±3%左右的變動。

調查世界風力資源之後，發現各大陸的分布如下圖所示，總計5萬3000TWh／年。這個數字，相當於目前全球消耗電力的三倍多。而且這個數值還不包含離岸風力資源，所以實際數字還會更多。目前預計2020年的全球電力消耗量是25萬6000TWh／年，可以想見風力資源有多麼龐大。

世界風力發電目標「Wind Force 12」，希望2020年之前以風力發電供應全球12%的用電量，其實是很有可能達成的。

重點BOX

- ●歐洲位於偏西風帶，自古以來就懂得利用風力
- ●世界各地二十年內的平均風速並無太大變化
- ●全球風力資源大約是全球消耗電力的四倍

山形縣庄內町．狩川15年之間（1980-1994）的年平均風速

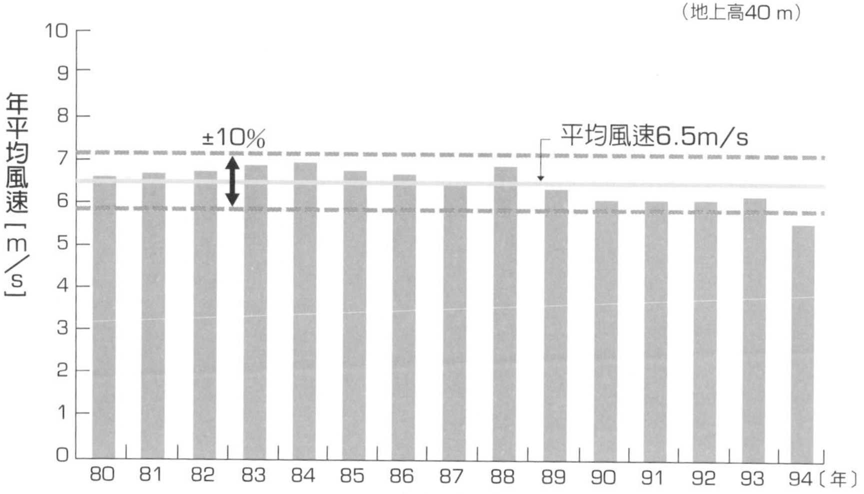

出處：清水幸丸編著，《自然能量利用學》（Power社）

世界風力資源總量

（單位TWh/年）

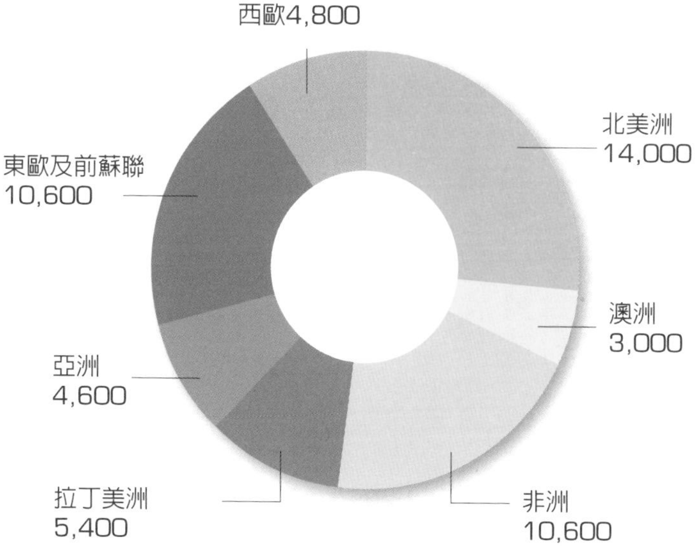

出處：EWEC資料

用詞解說

TWh：Tera Watt小時。1TW＝10^{12}（W），是極大的功率單位，相當於1000座100萬kW核能發電廠的功率。

13 日本吹著什麼樣的風？

從巨觀來看，風對日本貢獻良多

日本位於夏季太平洋高氣壓的邊緣，冬天則受到西伯利亞高氣壓所形成的西北風吹拂，所以巨觀來說，風對日本貢獻良多，但是年平均風速並不是很強。另一方面，春天的疾風與秋天的颱風，又稍微太強了點。

另外，日本是一個狹長形的島國，而且國土幾乎有70％是丘陵地形，複雜的地形也造成特殊的風。這就叫做「局部風」。日本的局部風主要分為日本海側的內陸風「出風」（焚風），和太平洋側的內陸風「颪」（落山風）。研究日本國內外局部風的吉野正敏，製作了左頁圖示般的日本局部風圖。只要比較風圖和當地地形，就可以發現經常產生局部風的地方，有什麼地形特徵。山脈的風尾山腳處，局部風較強，尤其是地峽出口特別強。這種風就叫做颪（落山風），或是地峽風。

那麼日本有風力發電所需的風嗎？1990年代，NEDO在全國各地的氣象機構以及21公里網格上設置了AMeDAS氣象觀測站，根據這些觀測站的風速資料製作了「風況圖」。這是以統計學分析地形因素，來推測觀測點以外的風速分布。

2003年，NEDO又更進一步根據名為LAWEPS（局部風況預測模型）的數值流體力學（CFD）開發出新的風況圖，採用比先前更細緻的500m網格，紀錄了高度70公尺以內的年平均風速、風向圖、風況曲線、韋伯參數等資訊。結果發現，日本確實有相當的風可用。

日本風力發電協會的調查顯示，日本陸地上有25GW，離岸有56GW，總計81GW的風力發電可用。

重點BOX

- 地形複雜的日本，需要更精確的風況圖
- 日本的年平均風速不強，但是春天會有疾風，秋天會有颱風

日本的局部風分布圖

出處：吉野正敏，《風的世界》

用詞解說

NEDO：新能源產業技術綜合開發機構。

14 風要如何測量？

世界標準的杯型測量

想測定風速，就要測量大氣每單位時間的移動距離。這裡可以使用秒、分、小時做單位時間，距離可使用公尺、英吋、英尺、海浬、英里等等。日本的風速單位是每秒大氣移動距離，單位公尺（m/s）。另一方面，歐美國家平時使用的是英呎、英里、磅等單位，所以風速單位是每小時大氣移動距離，單位英里（mph）。另外，航海及氣象報告也會使用蒲福風級（Beaufort Scale）。

這些風速測定，通常使用世界通用的杯型風速計」。大型風車的機艙上面也有設置「杯型風速計來測量風速，並以另外裝置的風向計測量風向控制風車。相較之下，日本氣象廳是使用貌似螺旋槳飛機，只有垂直尾翼的「Aero vane」風向風速計，設置在離地面10公尺的地方來測量風向風速。這個裝置可以同時測量風向與風速，相當方便，但是測量出來的風速會比杯型稍低，要特別留意。

而且最近風車逐漸大型化，輪轂（hub，風車葉片的安裝位置，也就是旋轉中心的高度）動輒高達60公尺至80公尺，所以只能從離地10公尺、20公尺、30公尺的位置，以杯型風速計測量風速，來推測風車的發電性能。另外，也可以使用超音波風速計或都卜勒測速計，來測量高度１００公尺左右的風速。將來要進行離岸風力發電的時候，這些測量儀器就能發揮威力。

測量風向時，一般是把東南西北四方位各內插一個方位，然後對八方位再各內插一個方位，形成十六方位的方式來使用。

重點BOX

- ●風速，就是大氣每單位時間的移動距離
- ●通常使用杯型風速計來測量風速
- ●高空風速可使用都卜勒測速計等儀器來測量

世界標準的杯型風速計

（只測量風速）

只有日本使用的Aero vane

（同時測量風向與風速）

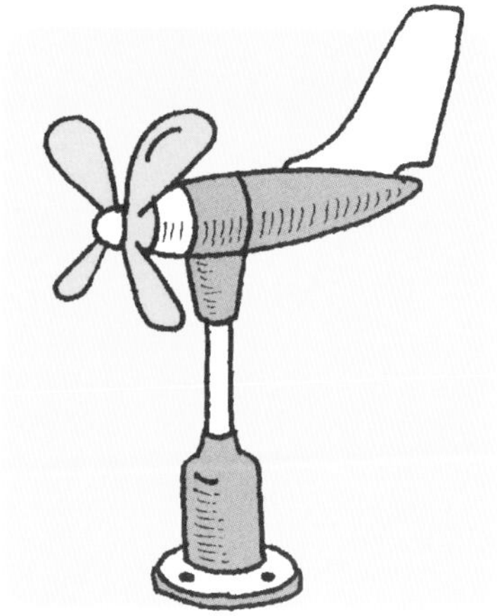

都卜勒測速計

以雷射光照射大氣中隨風飄揚的懸浮微粒，從散射光的都卜勒偏移來算出風速

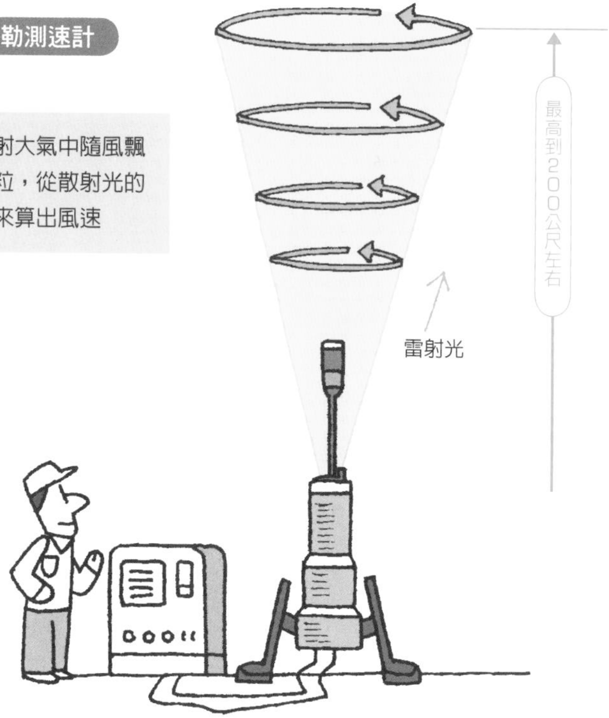

用詞解說

超音波風速計：利用音速與風速的關係，測量發訊點與收訊點之間的超音波傳導時間，來算出風速。

15 以統計學調查什麼風吹了多少

韋伯分布

要規劃風力發電系統時，風況分析越精確越好。而風速度數分布，就是表示某一段時間內多大的風速出現過幾次。度數可以用時間長度，或是相對於總觀測數量的比例，還有出現機率（%）來表示。上圖就是度數分布的一個例子。

另外，從風速大或小的度數開始，將相對度數累加起來，叫做相對累積度數。風速與相對累積度數的關係，就是圖中的風況曲線。從圖可看出風速的度數分布左右不對稱，最大度數偏左（弱風側）。以往有許多研究嘗試找出度數分布的數學函數，其中最適合代表風速度數分布的就是韋伯分布，（Weibull distribution）。

韋伯分布，是瑞典工程學家W．韋伯所提出的統計分布函數。經常用於材料疲勞分析、可靠度、使用壽命模型等品質管理範圍。最近世界各國大多用此函數，針對風力發電來計算特定場所的風況。此機率密度函數算式如左頁①所示。

圖中表示尺度參數C＝1時的韋伯機率密度曲線。當形狀參數k增加，曲線就會呈尖銳山峰形，代表風速變化較少。

另外，當韋伯函數的形狀參數k＝2的特例，稱為瑞雷（Rayleigh）機率函數，這時候就成為只有尺度參數為變數的函數。

結果，瑞雷分布就只與平均風速有關，要推測風速分布也比較簡單。圖中表示不同平均風速所對應的瑞雷機率密度函數。平均風速較高時，發生高風速的機率也更高。

重點BOX

- ●韋伯分布適合用來計算風速的度數分布
- ●瑞雷分布是韋伯分布的特例
- ●瑞雷分布特別適合平均風速較高的情況

何謂韋伯分布

$$f(V)=(\kappa/c)(V/c)^{\kappa-1}\exp[-(V/c)^{\kappa}]\cdots\text{算式①}$$

在此 *k* 為形狀參數，*c* 為尺度參數

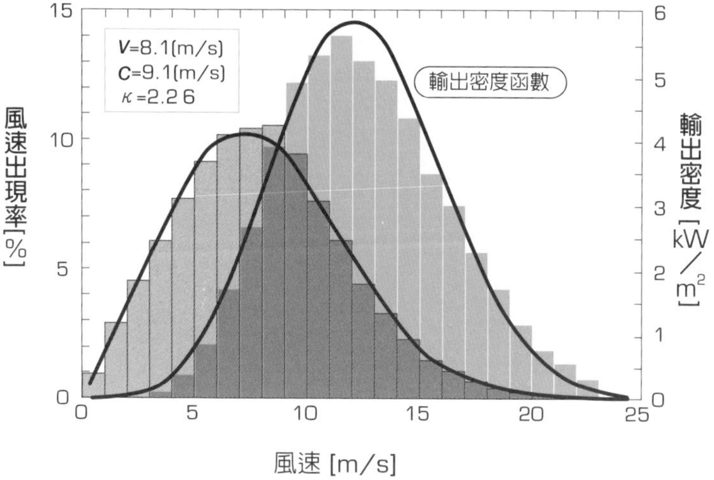

韋伯分布曲線

（形狀參數k為變數，k=1：指數函數，k=2：瑞雷分布）

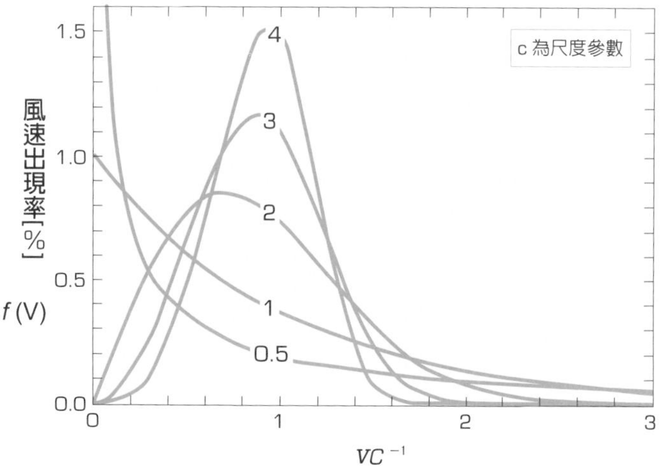

出處：《Wind Energy Pocket Reference》, ISES, 2009

16 難以捉摸的風也可以預測嗎？

以風力預報擬定發電計畫

一般來說，電力公司都會看明天之後的天氣來擬定發電計畫。核能發電輸出功率不變，所以會進行輸出調整的，主要是火力發電與水力發電。

大型風車採用系統連結方式，連接電力公司的電力網路，但是風車發電量會隨著風的強弱改變；如果要讓既有電力網路盡量接收這種變動電源，就要盡可能地提升風力發電量預測精確度。西班牙國內七成以上的風車，經過遠距離監控裝置連接中央供電控制室，持續檢測風力電力灌輸率、電壓等變動，並根據電腦氣象預測來預測明天以後的發電量。這樣的發電計畫，才能維持供電網路的安定性。

日本的NEDO也在開發「根據氣象預測以預測風力發電量系統」。系統包含可預測快速變動的氣象模型，表現出每座風車之差異的工程模型，以及可消除資料誤差與趨勢誤差的統計模型等等，配合日本氣象與領土狀況來精確預測風力發電輸出值。以統計方法整合氣象預報資料與風車機艙資料，就可以預測風力農場的輸出。當天誤差值15％以內，隔天誤差值20％以內。

另外，氣象預報區域中的風力農場，也可以同樣精確地預測出總輸出資料。這個預測模型，已經藉由即時觀測系統實際驗證完成。

往後風力發電業者與電力公司，將可使用此系統，提升風力發電的便利性。

重點BOX

- ●電力公司依據氣象預測來擬定發電計畫
- ●風速預測可以預測風力發電的發電量
- ●輸出的預測誤差在15～20%以內

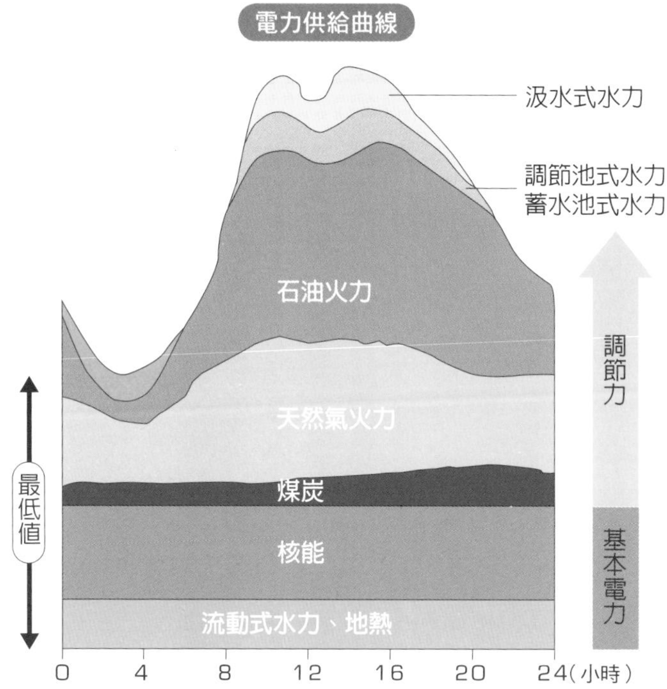
電力供給曲線
汲水式水力
調節池式水力
蓄水池式水力
石油火力
天然氣火力
煤炭
核能
流動式水力、地熱
最低值
調節力
基本電力
0
4
8
12
16
20
24(小時)

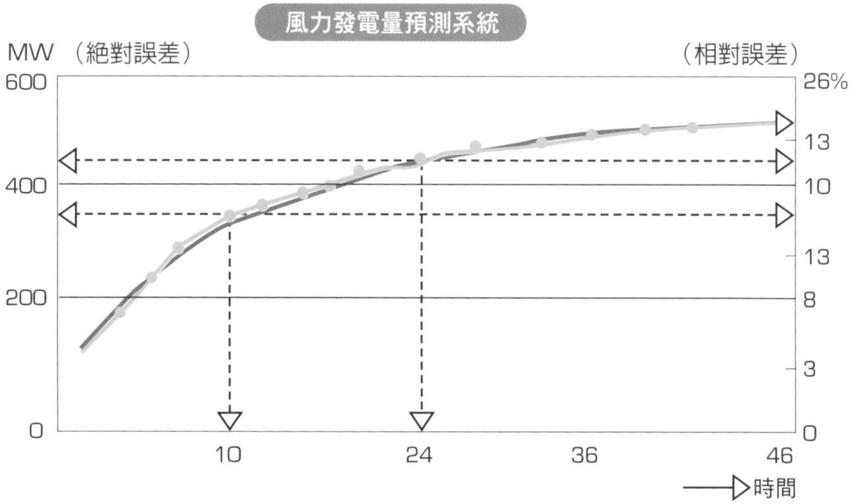
風力發電量預測系統
MW （絶對誤差）
（相對誤差）
600
400
200
0
26%
13
10
13
8
3
0
10
24
36
46
時間

17 風車如何旋轉？

升力與阻力

風車種類繁多，而風車運轉原理可分成風所造成的「阻力」與「升力」兩種。

首先，比較能夠理解的阻力，就像撐傘迎風前進，就會被風給吹回來。這就是風的阻力。這時候風的阻力也可以稱為動壓（dynamic pressure），與風速平方成正比，與物體受風面積成正比。而且即使面積相同，受風面的形狀也會影響阻力大小。例如左圖中的杯型，凹面阻力是凸面阻力的四倍，所以會旋轉。但是風杯無法轉動得比風速更快，所以阻力型風車只能慢慢轉，效率最多也只有15％左右。

另一方面，升力是風抬起物體的力量。如圖所示，風車葉片的剖面做得跟飛機機翼一樣，只要吹到風，葉片上面的空氣速度就會比葉片下面更快。根據能量守恆原理「速度平方與壓力的總合為定值」，葉片上面空氣流速較大，壓力比流速慢的下面要低，所以葉片就會受到往上推的力量，也就是升力。

實際上如圖所示，風向與風車葉片轉動方向成直角，但是葉片往前方推動，所以從葉片的角度來看，風向類似斜前方，這就是相對風速。

以風車來說，升力作用在與相對風速成直角的方向上。而且相對風速與葉片行進方向之間的角度稱為俯仰角（pitch angle）。當風車葉片受風，葉片就會被風推動，阻力使葉片旋轉，轉速增加之後就開始出現升力。升力會讓葉片轉動得更快。升力型風車可以高速旋轉獲得強大升力，所以效率能提高到50％以上。

重點BOX

- ●風車會受到阻力與升力
- ●阻力型風車速度慢，效率低
- ●升力型風車速度快，效率高

杯型風車的運轉原理

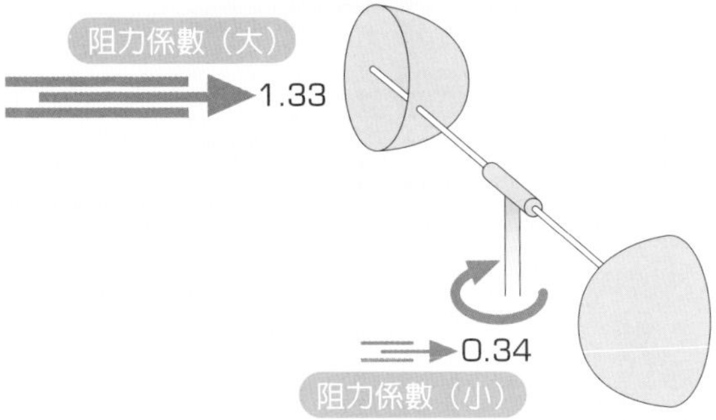

葉片周圍的氣流與升力

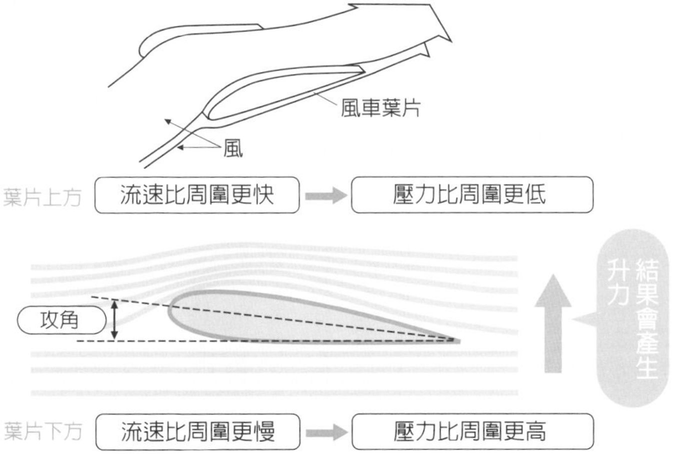

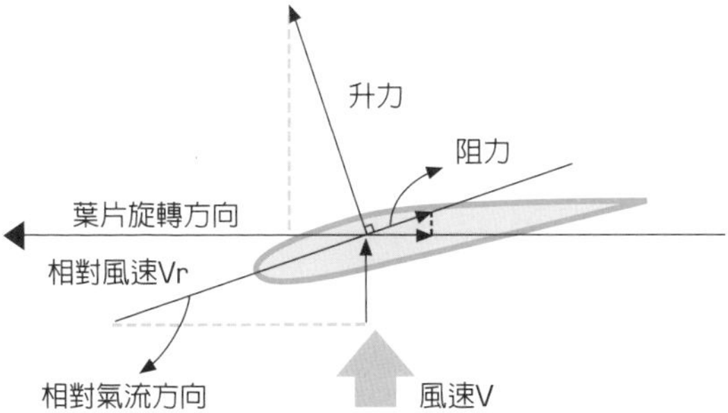

18 哪些風車適合風力發電？

螺旋槳型風車最適合

最近日本也開始出現大型風車，而且幾乎都是三葉片的螺旋槳型。德國MBB公司曾經製造過單葉片的中型風車，如今已經看不到了。另外，1970年代到1980年代各國爭相開發大型風車，但大多是雙葉片型。美國加州目前還有垂直軸的打蛋型風車在運轉。從圖中可以發現，螺旋槳型風車無論是雙葉片或三葉片，功率係數都很高，但是三葉片螺旋槳運轉時的葉尖速度比範圍較低。另外，也可以發現打蛋型風車的功率係數比螺旋槳型稍低，但是性能卻很高。另一方面，桶型轉子風車與多葉片型風車的葉尖速度比較低，轉矩係數高，但是功率係數卻比較低。

那麼，為何螺旋槳型風車最常用來做風力發電？第37項會提到，因為螺旋槳型風車的轉矩雖然低，但是功率係數高，葉尖速度比也高。風力發電系統中最大的耗損，就是風車把自然風轉換為機械旋轉能的過程，所以風車的功率係數越高越好。另外，加速齒輪比會比阻力型風車小，也是一個優點。因為這些理由，風力發電絕大多數都使用升力型的螺旋槳型和打蛋型風車。

另一方面，當作獨立電源使用的小型風車，除了螺旋槳型風車之外，也會使用阻力型的桶型轉子風車（第35項）。由於這種風車原本的功率係數就比較低，必須藉由齒輪、皮帶等機構增加轉速比來驅動發電機，功率損耗更嚴重，整個系統的效率非常低，也就不適合風力發電。

重點BOX

- ●螺旋槳型風車的葉尖速度比較高，功率係數也高
- ●大型風車幾乎都是三葉片螺旋槳型
- ●打蛋型風車也是一匹黑馬

各種風車的功率係數

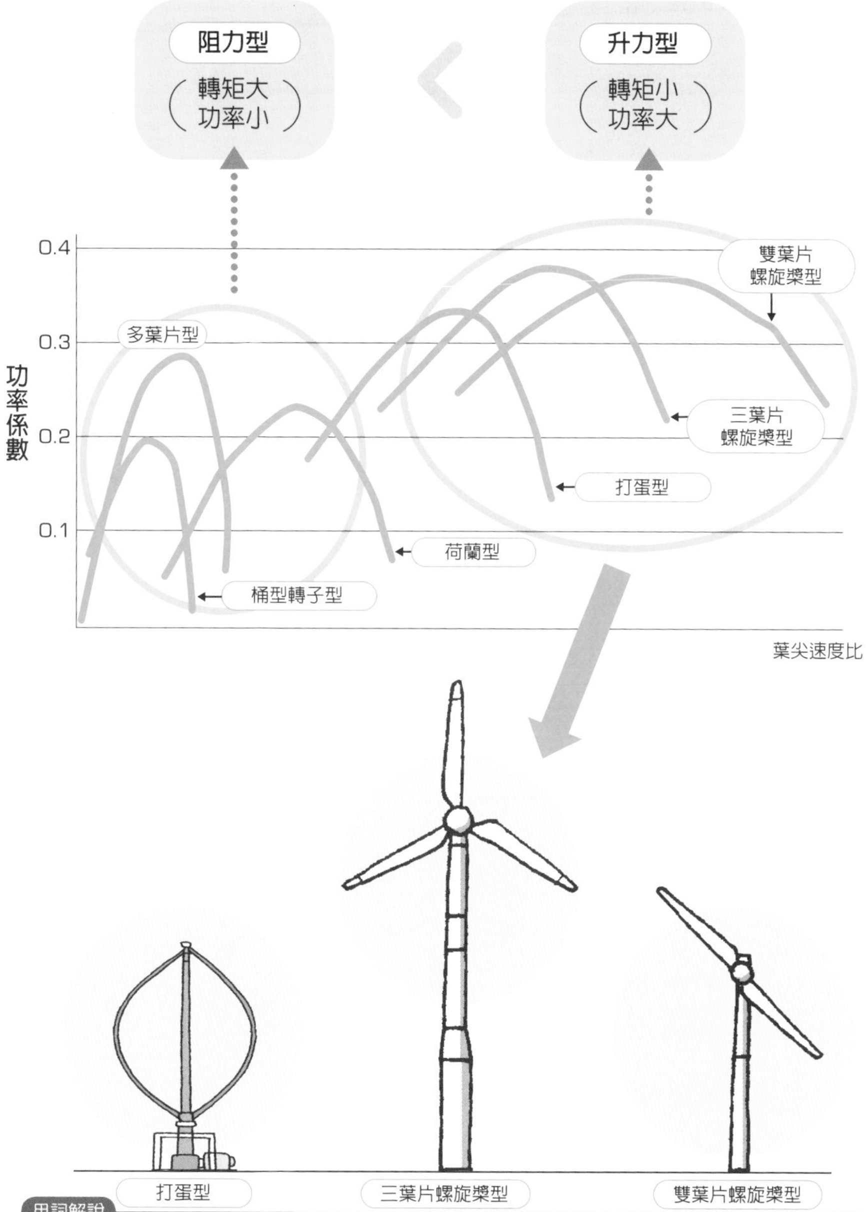

用詞解說

轉矩係數：推動風車旋轉所需的動量（旋轉力）稱為轉矩（torque），風車能夠實際使用的轉矩比例則稱為轉矩係數。

19 風力可以百分之百抽取嗎？

貝茲（Betz）與蘭徹斯特（Lanchester）

把自然風的能量百分之百轉換為風車旋轉能有可能嗎？適當嗎？理論上，將風能完全抽取，代表風車後方的氣流完全靜止，在物理上是不可能達成的。因此我們可以想見，從風中取出的能量有一個極限值。

實際上，目前最高性能的風車效率也不過53%左右。而且德國哥廷根（Göttingen）大學的貝茲（Albert Betz）在1920年就已經根據動量理論，提出理論上的最大風車效率是59.3%。如果為了抽取能量而讓風過度減速，周圍的風就會流散，流入風車旋轉面的風就會減少，所以會有抽取上限。因此風車的理論最大效率被稱為「貝茲係數」或「貝茲極限」。

理論值的最大效率和實際風車效率之間，有10%以上的高額落差。該理論的前提是有一座無限枚葉片的理想風車轉子，才能達到理想效率（功率係數）。另一方面，實際風車因為：①風車後方會產生尾流（wake flow），造成動能損失；②葉片數量一定有限，所以葉尖速度比越低、葉片數量越少的風車，葉尖損耗越大，功率也越低；③實際風車葉片的阻力係數與升力係數比C_D/C_L並不為零，最大效率又和葉尖速度比與C_D/C_L成反比，所以實際風車的最大效率會比理論值最大效率要低。

另外，英國的F．蘭徹斯特（Lanchester）比貝茲早了五年提出風車理論最大效率為59.3%。由於當時正值第一次世界大戰，所以後來才發表的貝茲成為第一人，但是應該要改名為「蘭徹斯特．貝茲係數」比較適當。

重點BOX

- 理想風車的最大效率也只有60%
- 實際風車的最高效率只比50%稍高一些
- 蘭徹斯特比貝茲更早發表

蘭徹斯特·貝茲係數與各種風車的功率係數

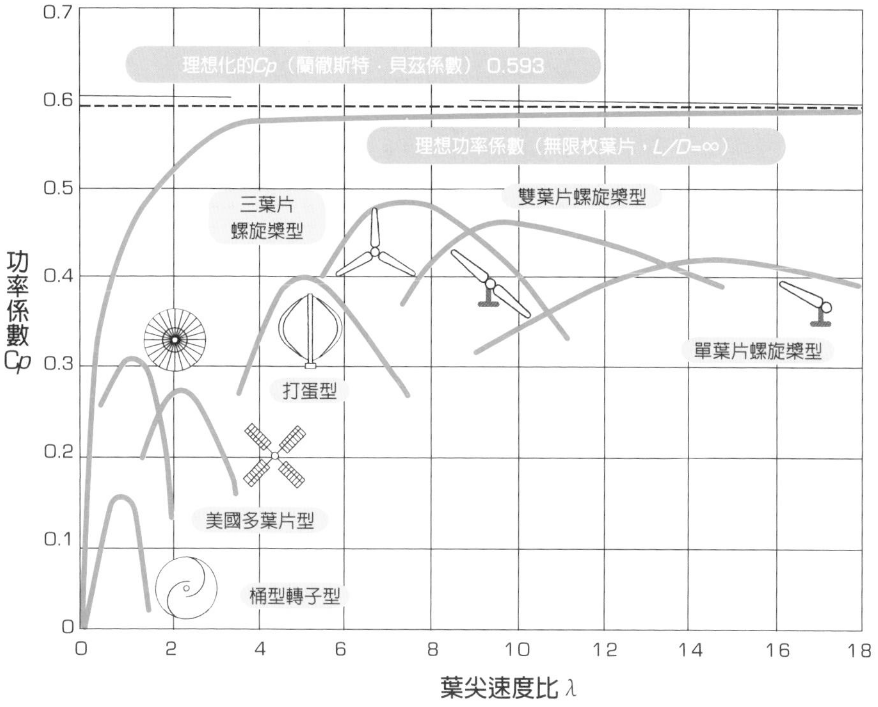

貝茲係數之謎

1914

（第一次世界大戰）→ 1915年 蘭徹斯特（英國）（59.3%）

1918

→ 1920 年 貝茲（德國）（59.3%）

朱可夫斯基（俄國）（59.3%）

→ 沙比寧（俄國）（68.7%）

最早發表風車最大理論效率的是蘭徹斯特（英國），而貝茲（德國）與朱可夫斯基（俄國）在相同時期也發表了59.3%的數值。朱可夫斯基的徒弟沙比寧又以不同前提，提出了較大的數值68.7%。

20 實際上從風力之中能取出多少電力？

自然風約有40％可轉換為電力

第6項大致說明過了人類可以從自然風中抽取多少電力。用風車將風的動能轉換為機械旋轉能，以旋轉能推動發電機發電。這個過程中，會產生風車轉子上的空氣力學損耗，加速機構與軸承等等的機械損耗，還有發電機和電力轉換裝置的電力損耗（上圖）。扣掉這些損耗之後，才是實際得到的電力。

另外第19項也說過，風車轉子的損耗最大，不管怎麼努力，都會損失40％以上的風力。所以全球依然不斷研發更高性能的風車，要讓風力發電實用化。

至於其他部分的損耗，只要機組越大相對地就會越少，但是自然風的能量依舊只有40％能成為實際抽取的電力。往後研究還是會不斷進行，材料、製法、周邊技術也會越來越進步。以後總有可能達到45％甚至50％。

下圖表示將風力能量轉換為各種能量之後，對最終用途的綜合效率。從圖中可以了解，效率最高的用途是當作風車設置地點附近的熱源有45％，但是必須非常靠近風車。另外，利用機械旋轉力也有傳導距離的限制。

一般將風力轉換為電力的理由，是因為可以用電纜線將能量傳送到任意地點，這也就是現在大型風力發電機盛行的理由。而且從能量儲存的觀點來看，大規模風力發電可以搭配汲水發電，或是電解水製造氫氣加以儲存。中小規模的風力發電，則適合使用蓄電池。

重點BOX

- 風車將風轉換為旋轉能來推動發電機，會產生損耗
- 最後只能抽取約40%的電力
- 大規模風車採取系統連結，小規模風車使用蓄電池

風力發電機的各種損耗與實際可得的能量

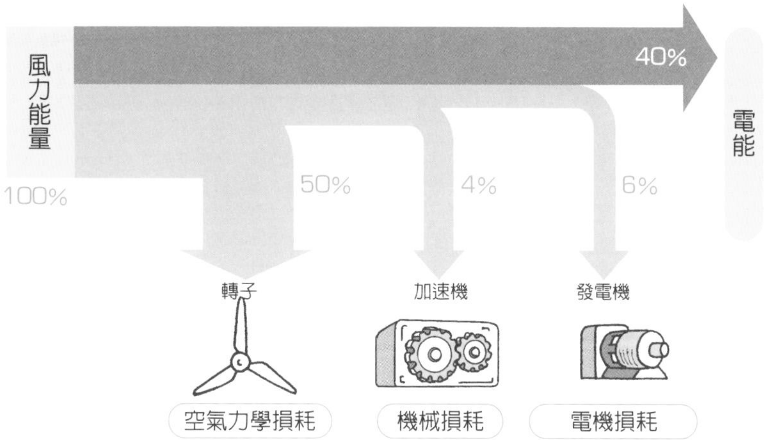

出處：牛山泉《風車工程入門》（森北出

風力能量的各種轉換方式與最後的綜合效率

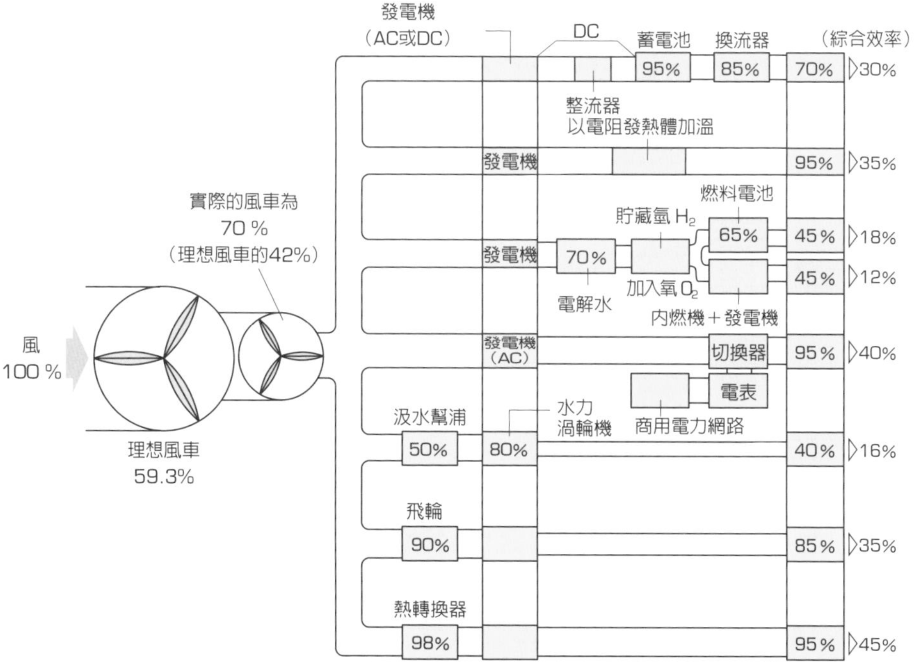

出處：牛山泉、三野正洋《小型風車手冊》（Power社）

21 生活中的風力發電

風有這麼多用途！

風能是一種稀薄的能源，所以不像大規模集中型能源系統，比較適合地方政府、社區所使用的小規模能源，用途也比較多樣化。本節就舉出一些例子供各位參考。

①溫室加溫、推動栽培農業，以及冬天的地底熱循環農業。②設置在漁塭、漁港，進行氧氣供應、自動餵餌、岸邊安全照明。③養殖漁業、漁塭供水幫浦以及加熱的電力來源。④畜牧業（房舍管理與餵食設施），牧場的電柵欄。⑤道路融雪（尤其是隧道出口和收費站）。⑥地下水汲水幫浦（沖繩有實際使用例子）。⑦離島輔助電源（與柴油發電機混合使用）。⑧湖泊水質淨化。⑨電解水製氫。⑩商業設施供電（餐飲業、娛樂設施、量販店燈飾、招牌，都可節省電力）。⑪大樓管理（中小型大樓的緊急電源，或是頂樓招牌）。⑫高速公路與車站旁停車場，全日本830個點的標示與照明。⑬道路標示（交通安全標示、夜間引導亮光標示、區域防災系統電源）。⑭公園、避難所、小規模公園照明。⑮橋上燈光（例如室蘭橋）、風車本身的燈光（例如東京風車、宮崎縣北方町、山形縣庄內町等等）。⑯污水處理場、垃圾處理廠的輔助電力（多餘電力可出售）。⑰風車本身可作為觀光地標，或是高爾夫場地標（多餘電力可出售）。⑱工廠自行供電（多餘電力可出售）。⑲防止地球暖化（保水性裝潢、屋頂綠化、生物空間等等的供水與電源）。⑳個人用（透天別墅之類的風車推廣）。

此外還有許多用途。風力與太陽能是遍布全世界的能源，並有互補的效果。目前已經有實用的混合能源系統誕生。

重點BOX
- ●風力適合小規模分散型使用
- ●可以當作地方政府或地區能源
- ●可用於農業、漁業、畜牧、商業設施、水質淨化

風車的用途舉例

電能
機械能
熱能
系統連結
農地灌溉
海水淡化
漁塭加溫
防止冰凍
電解水製造氫
離島、偏遠地區電源
燈塔
汲取井水
溫室加溫
中繼站電源
打氣機（供給氧氣）
促進發酵
電動車充電
攪拌
預熱洗澡水
標誌・招牌・照明
山中小木屋
噴水動力
驅動遊樂器材或玩具

Column

風力發電的輸出與發電量

第1章的專欄，說明了風力發電的額定輸出現況。而要說明全球風力發電建設量時，全球風力發電建造量就代表世界各地風車建設的額定輸出總計值。

2008年底，全球風力發電建設量是1億2000萬kW，相當於1200座100萬kW等級的大型火力發電廠或核能發電廠。但是風力發電的實際發電量，並非一直保持額定輸出，所以大概只有相同規模的核能發電廠或火力發電廠的三分之一左右。

另外，發電量單位「Wh」120（瓦時）和「kWh」（千瓦小時），代表一定規模的發電裝置運轉一定時間所產生的電量。所以新聞報導上通常只寫「kW」而沒有標上時間的單位。

依風況而定

除了故障和檢修之外，都以額定輸出運轉

第47項會提到，即使額定輸出[kW]相同，風力發電的設備使用率也只有火力發電或核能發電的1/3左右，所以特定期間發電量[kWh]也只有1/3左右。

第 3 章

風力發電的構造

22 風力發電的構造為何？

以風車的旋轉力量轉動發電機

從風中抽取電力的原理，就是以風車將風的動能轉換為機械旋轉能，再用旋轉能推動發電機來發電。風車就相當於火力發電或核能發電的蒸氣渦輪機，或是水力發電的水力渦輪機。其他發電方式的渦輪機在機殼中高速旋轉，但是風力發電的風力渦輪機卻暴露在空氣中慢慢轉。

那麼風力發電到底使用哪種風車呢？目前絕大多數都是三葉片的螺旋槳型風車，高高的塔上裝著稱作機艙的大箱子，前端裝著螺旋槳型的轉子。機艙裡面有發電機、加速機構、變壓器等重要元件。機艙與塔之間有應對風向用的齒輪，可以讓整個機艙配合風向旋轉，保持風車旋轉面在迎風狀態。另外也裝置了可變螺距機構，讓風車葉片角度配合風力強弱改變。

而且發電機的種類也是個重要問題。目前最常用的方式是以加速齒輪將風車轉速提高到1500轉或1800轉，來推動感應發電機。另外，也有不靠加速機構，直接將風車旋轉傳遞到多極同步發電機上的風力發電機。這種做法的優點是零件種類少，省掉容易故障的加速機構；但是因為發電機會變得又大又重，目前成本還是太高。

另一方面，現在主流雖然是水平軸的螺旋槳型風車，但是垂直軸的打蛋型風車卻有構造簡單、零件較少、重心接近地面、安定性高等優點。而且最好的是不需要控制方向，在風向變化大的地方，相當具有發展潛力。

重點BOX

●風車將風能變成旋轉能，推動發電機
●風力發電機的核心就在機艙中

典型的系統連結式風力發電系統

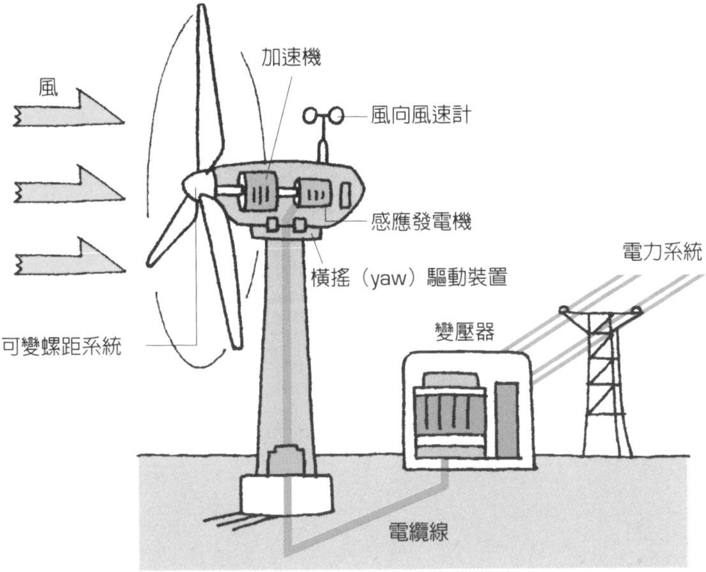

代表性的風力發電機

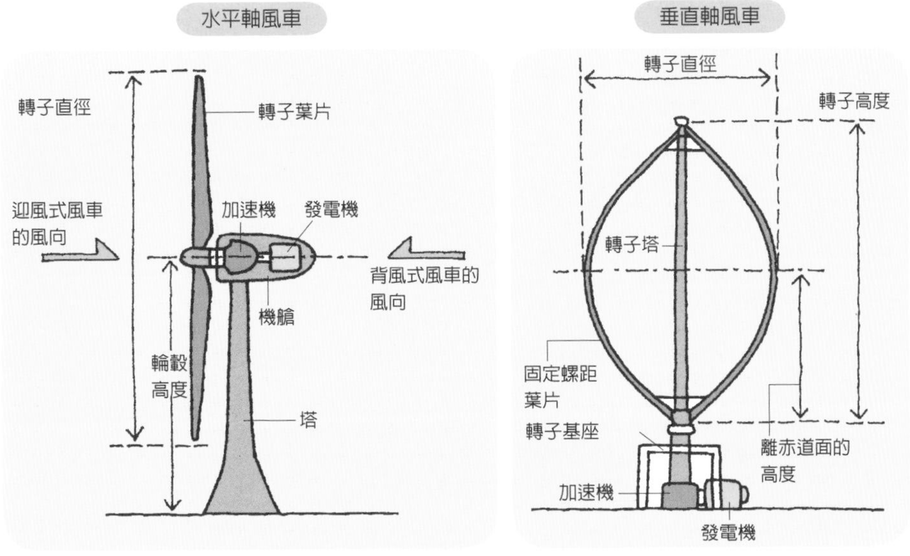

23 風車的內部構造為何？

機艙之中有加速機、發電機等重要元件

圖中表示最普遍的大型風力發電裝置，三葉片螺旋槳型風車的剖面圖。本節簡單說明一下各個構成元素。

①**塔**：通常高度為50～100公尺。高處的風比地表的風要強且穩定。塔內部有輸送發電電力的電纜，攀上機艙用的梯子，或是簡易電梯。

②**機艙**：收容了加速機、發電機等風車主體元件的地方，還有防水、防噪音的功能。並有維修人員進入的空間。

③**葉片**：葉片必須越輕越好，故使用GFRP（玻璃纖維強化塑膠）製作中空葉片，只要有微風就會開始旋轉，並能承受颱風之類的強風。風車直徑越大，旋轉速度越慢。

④**輪轂**：葉片安裝的軸心部分。可變螺距型的風車，輪轂中會加裝因應風況調整葉片角度的裝置。

⑤**加速機**：負責將風車轉速提高到發電機所需的高轉速。也有不靠加速機，直接以風車緩慢轉速推動多極發電機的直接驅動型。

⑥發電機：大型風車上裝了500kW到3000kW的發電機，一座大型風車就能供應數百到兩千個家庭的用電。

⑦**橫搖**（yaw）控制馬達：機艙與塔的連接部分有數個橫搖控制馬達。機艙上的風向計會探測風向，控制馬達會讓整個機艙「搖頭晃腦」，以保持風車旋轉面在迎風狀態。

⑧**控制裝置**：依據風速和風向來指揮螺距控制器、發電機、控制馬達等元件，是掌握風車運轉的電腦。

重點BOX

- 三葉片轉子產生旋轉能
- 安裝葉片的輪轂中，有可變螺距機構

螺旋槳型風車的內部構造

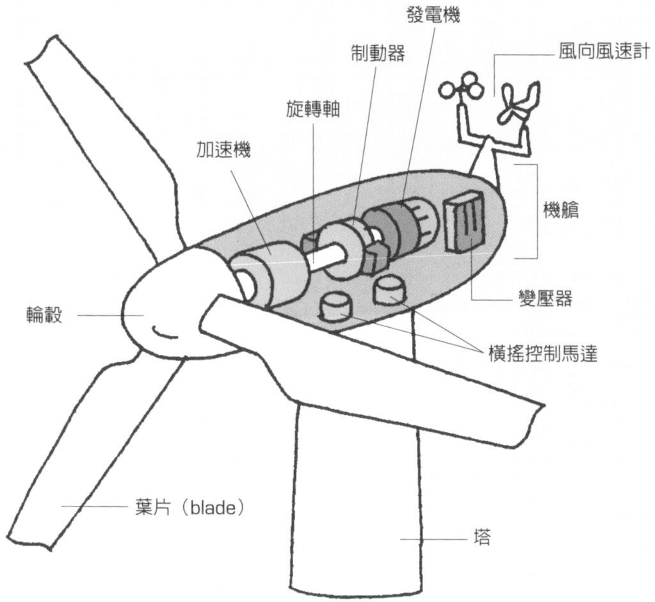

垂直軸風車的內部構造

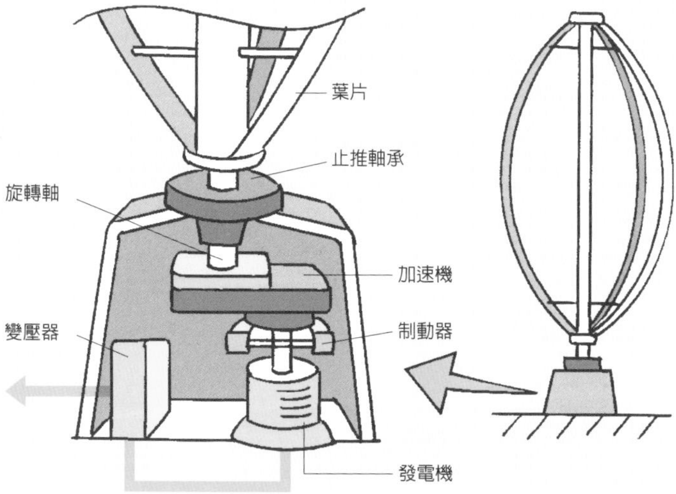

24 風車葉片要幾片才好？

實用風車三片最好

最近日本也慢慢出現許多大型風車開始運轉。這些風車幾乎都是三片細長葉片的螺旋槳型，看著這麼修長的葉片，難免讓人擔心風會不會就這樣從葉片之間穿過去了。

其實即使是慢速旋轉的風車葉片，葉尖時速也有250公里，可以媲美新幹線。所以就算葉片之間空間很大，也會像拉開扇子一樣產生受風效果，不會讓風直接穿透。

乍看之下，風車葉片數量似乎越多越好，但是實際上葉片一多，葉片之間會互相干涉，反而降低效率。所以實際的風車要以經濟性、性能、強度、噪音等各方面的平衡來決定最佳葉片數量。尤其是經濟性以外的項目，可不能違背物理法則。

從經濟性與性能的觀點來看，大量細長葉片高速旋轉，是理想的型態；但是從強度與噪音限制來看，就會碰到葉片數量下限（三片）與轉速上限的問題。

過去曾經有廠商挑戰這些限制，製作了單葉片、雙葉片風車，但是除了商用風車之外都沒有實用生產。也就是說風車廠商已經判定三葉片風車的性能最均衡。至於未來的離岸風車沒有噪音限制，也許會考慮採用雙葉片的高速旋轉風車。

另外不作發電用途，而是用來汲水或磨麵粉的風車就不需要高效率，比較需要強大的「輪轂扭轉力道」（轉矩），所以才會出現美國西部電影中看到的多葉片汲水風車，或是葉片很寬的荷蘭風車。

重點BOX

- ●大型風車幾乎都是三葉片螺旋槳型
- ●葉片越多，葉片之間互相干涉越嚴重，會降低效率
- ●發電用風車葉片，以三片的表現最為均衡

風車葉片數量與設計葉尖速度比 λ Design

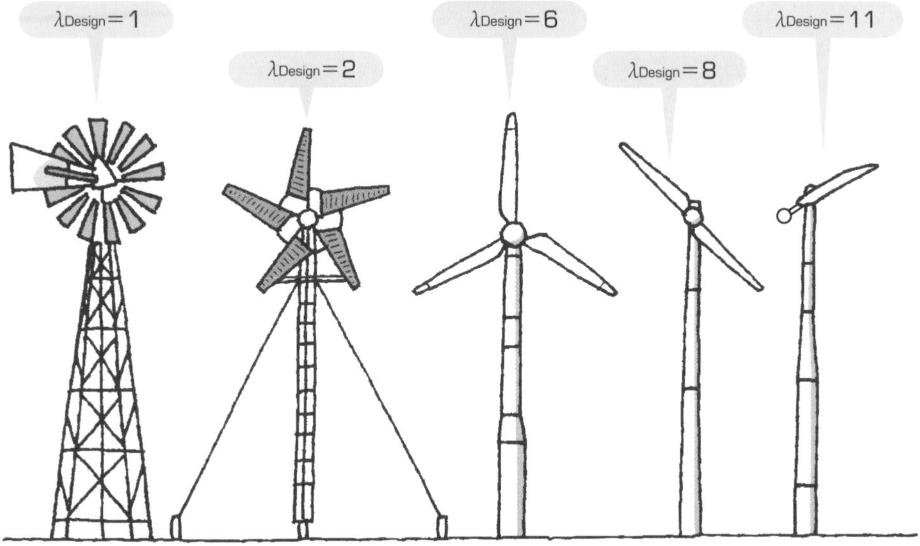

強度與葉尖速度比之關聯

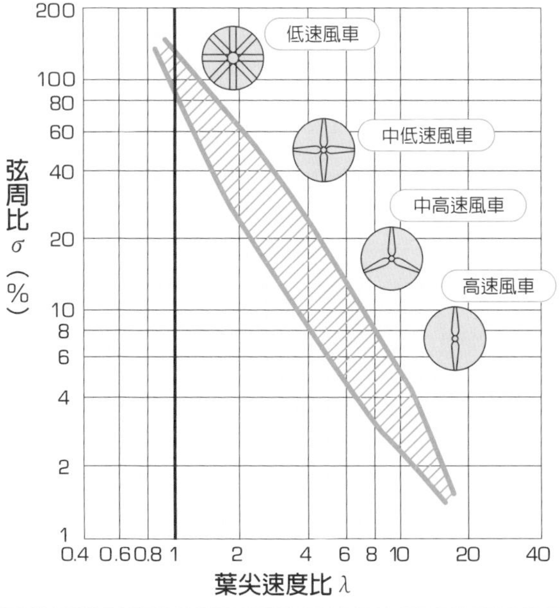

用詞解說

風速比：葉片尖端速度與風吹到風車之速度的比值。

弦周比（Solidity）：葉片總投影面積對風車旋轉面積的比值，意思是硬質部分的比例。

25 如何決定風車葉片的形狀？

平面形狀與剖面形狀

這一節，讓我們來探討最常用的螺旋槳型風車葉片，為什麼會有這樣的形狀。

一般風車葉片的形狀，都是根部較粗，越往尖端越細的推拔型（taper）。而葉片剖面形狀，就是如圖所示的機翼型。根部剖面對風向的夾角較大，越往尖端夾角越小。由此可以發現風車葉片是一種複雜的三度空間造型。

這種風車葉片設計，採用了二十世紀突飛猛進的航空空氣力學思維。通常使用的理論是「旋翼元素－動量複合理論」，先決定葉片數量，再決定轉子直徑、葉尖速度比，以及葉片的翼型。

首先從上圖所示的翼型升阻比曲線，求出升阻比最大的夾角。圖中C_L最大值為0.8時C_L/C_D為最大值，所以從C_L-α曲線可求出$\alpha=4°$。在此也要計算從葉片根部到尖端任一個位置的葉尖速度比，才能求出各個位置相對的風流入角度。之後就得到葉片各個位置的安裝角，最後再求出葉片寬度，也就是弦長。接著如中圖所示，決定葉片弦長與扭轉程度的關係。從計算結果來看，葉片會由曲線構成，但是就製造葉片的立場來看，將葉片的75％放在中心線上，使曲線部分變成直線，製造起來比較簡單。最後就得到如下圖所示的葉片，各個位置有不同的剖面形狀與扭轉角度。

本節僅討論一種翼型，但是大型風車也會採用多重搖擺法（Multi-stagger），讓葉片根部、中段、尖端成為不同翼型，追求更高性能。也有人把葉尖作成彎曲型，減少尖端渦流造成的損失，提升葉片性能。

重點BOX

- 葉片設計使用了空氣力學思維
- 葉片平面形狀是根部較粗、尖端較細
- 根部剖面翼型的夾角較大、尖端夾角較小

NACA4418的升阻比曲線

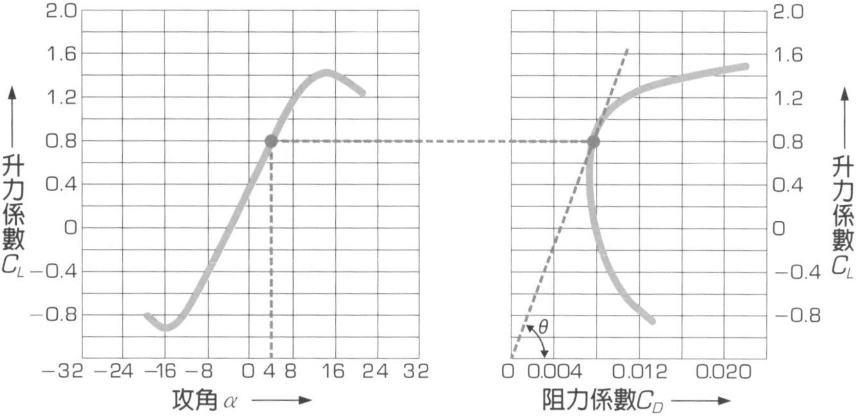

葉片弦長與扭轉程度的關係

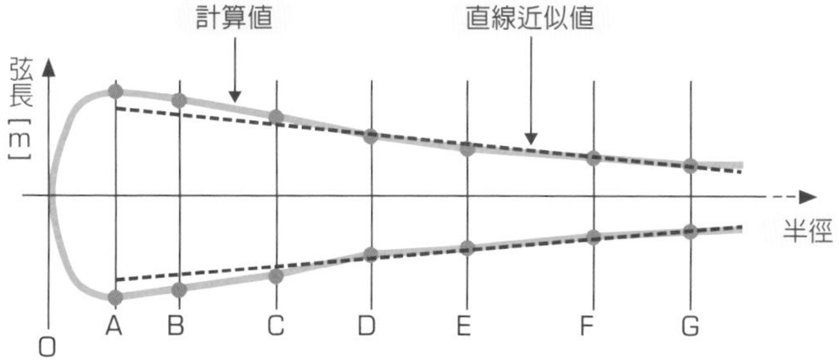

葉片上各個位置的翼剖面與扭轉角對應狀態

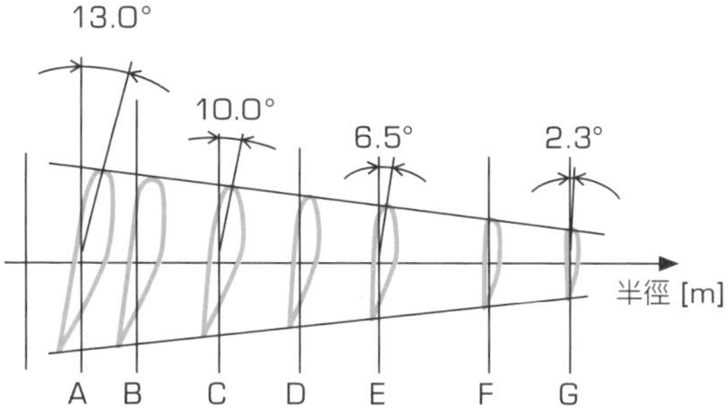

用詞解說

NACA4418：美國國家航空諮詢委員會（NACA）所開發的翼型系列中，適合製造風車的一種翼型。

26 風車葉片使用何種材料？

輕、堅固、容易生產

風車葉片必須盡量輕巧、堅固，而且擁有空氣力學上性能最高的形狀。要大量生產這樣有著巧妙曲線、體積巨大的產品，除了要有進步的製造工程之外，也要有好的生產效率。

大型風車葉片使用圖示的GFRP（玻璃纖維強化樹脂），跟家用浴缸和網球拍的材料一樣。主流方式是分別製作蒙皮和骨架（主樑），再進行組裝。

做法大概是①將混有玻璃纖維的材料切成葉片形狀。②堆疊纖維直到強度足夠為止，③灌入聚酯樹脂或環氧樹脂加以黏著。接著用黏著劑組裝骨架來支撐葉片背部蒙皮、腹部蒙皮，以及內部架構。這樣就完成一片葉片。支撐點位置就在骨架和蒙皮之間，還有葉片後緣，葉片前緣等處。

下圖表示代表性的風車葉片構造。(A)木材／環氧樹脂層積製成的葉片橫剖面，以含有環氧樹脂的三至四片樹脂版做成前緣部的D型主樑（spar），後緣部則是輕量的玻璃纖維／環氧樹脂蒙皮內包發泡劑。(B)典型的GFRP葉片橫剖面，蒙皮由玻璃纖維和聚酯樹脂堆疊而成。一般來說，轉子直徑25公尺左右的話就不使用主樑，而使用肋（rib）來提高剛性。(C)是大型風車的GFRP葉片，以纏繞成型（filament winding）做成的主樑，可以提供足夠強度。(D)不鏽鋼製主樑搭配GFRP翼型整流罩組合而成的葉片。

另外，最近大型風車為了避免葉片受風撞擊塔身，會讓主軸稍微偏上（Tilt角），或是把葉片稍微往前傾（Cone角），又或是事先讓葉片往風頭方向稍微彎曲（prevent）等等。

重點BOX

- 風車葉片必須又輕又堅固
- 也需要有高度空氣力學性能的形狀
- 大型風車主要使用生產效率較高的GFRP

大型風車葉片的構造與製造法

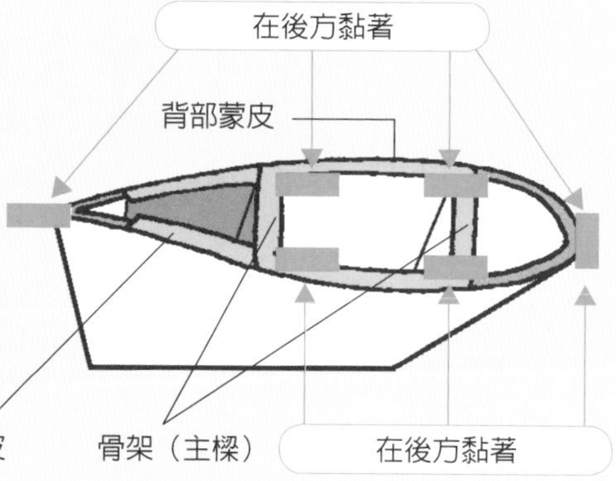

風車用葉片的構造與材料

（A）木材／環氧樹脂層積葉片構造

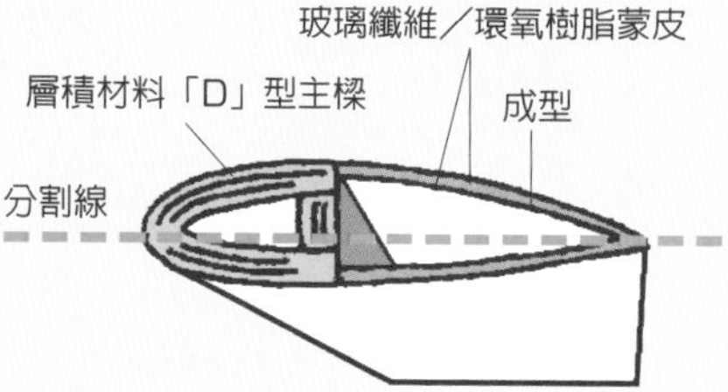

（B）GFRP葉片構造

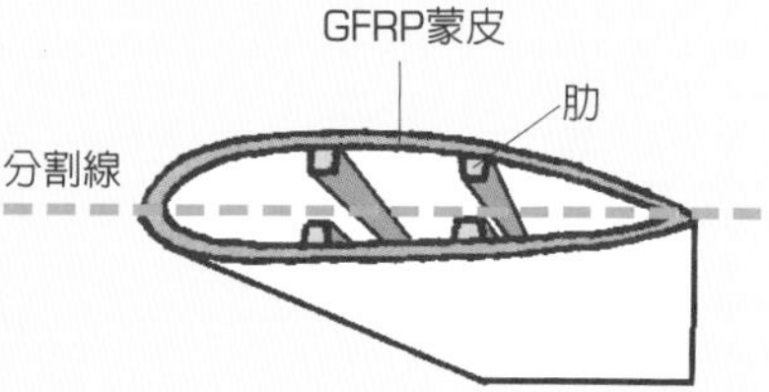

（C）纏繞成型主樑葉片

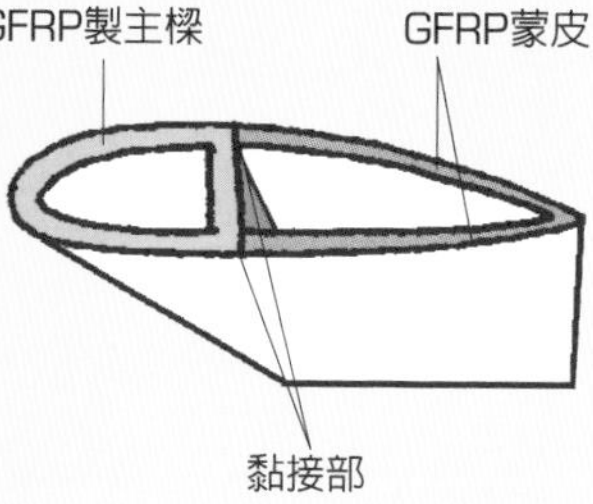

（D）不鏽鋼製主樑葉片

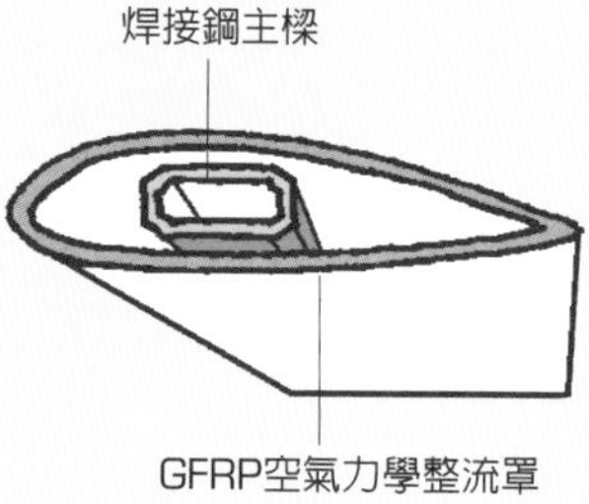

用詞解說

纏繞成型（filament winding）：將數十條玻璃纖維浸泡在樹脂中，同時以旋轉模具施加張力，捲成特定角度的工法。

27 不怕風向產生變化嗎？

風車會自動將旋轉面對準風向

某些看過大型風力發電裝置的人可能會產生「風速跟風向千變萬化，真的可以用來發電嗎？」的疑問，我的答案是「沒問題」。

第31項會提到，風速只要在3m/s到25m/s的範圍內，風車就可以一面調整葉片角度一面發電。至於風向變化，垂直軸風車可以接受任何方向的風，問題不大，但是水平軸風車就必須隨時保持迎風狀態。

有關這一點，以前的荷蘭風車也考慮過相同問題，而加入了讓旋轉面迎風的裝置。如果是小型風車，可以用人力旋轉風車小屋後方的柱子，讓整個小屋轉向迎風；大型風車也使用像上圖一樣的柱子來調整方向，不過旋轉的只有風車頂端和風車轉子。尤其是荷蘭的大型風車，上半部會有平台和類似舵輪的絞盤（windlass），只要在平台上旋轉絞盤，就可以讓風車頂端迎風。

英國人A．梅克爾為了讓這種動作自動執行，在1750年發明了如圖示的小型風車，將它裝在風車尾端，與大風車旋轉面成直角，於是風車旋轉面就會自動迎風。最近丹麥和德國的小型風車也有使用這個方法。

現在的大型風車，光機艙部分就有幾十噸重。為了讓這麼巨大的機艙和轉子迎風，機艙和塔的接點必須有巨大的軸承，讓風車旋轉面迎風。因此機艙內有好幾個專用驅動馬達，隨時檢查機艙上裝置的風向計訊號，自動讓風車旋轉面迎風，就像隨時在搖頭一樣（橫搖控制）。

重點BOX

- ●螺旋槳型風車的旋轉面隨時都要迎風
- ●自古以來，人類就想盡方法控制風車方位
- ●垂直軸風車可以接受任何方向的風

荷蘭風車的方向控制

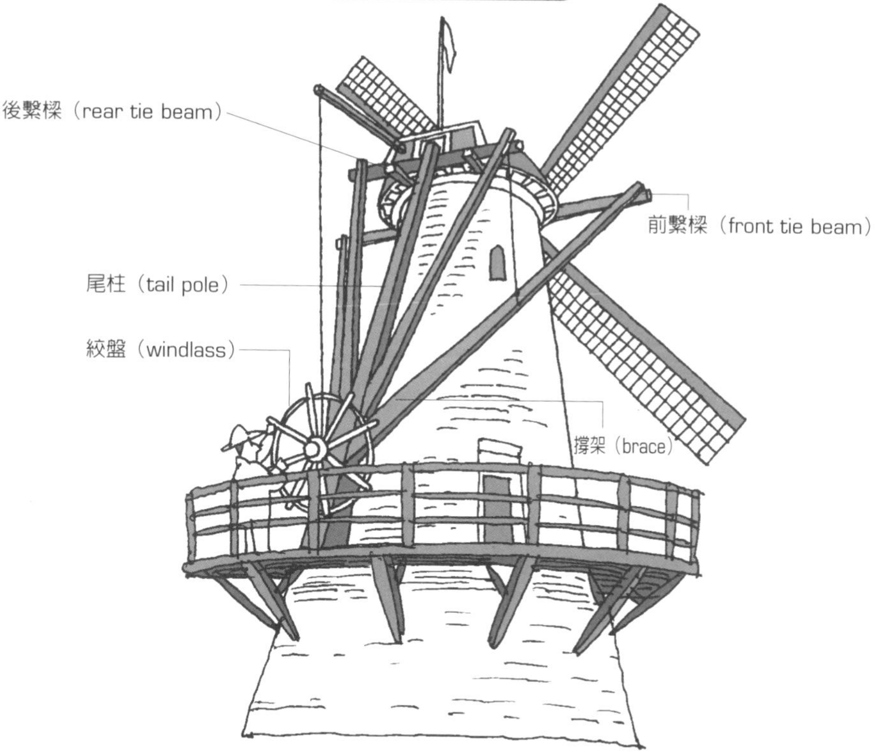

方向控制用轉子

風車方向控制機構

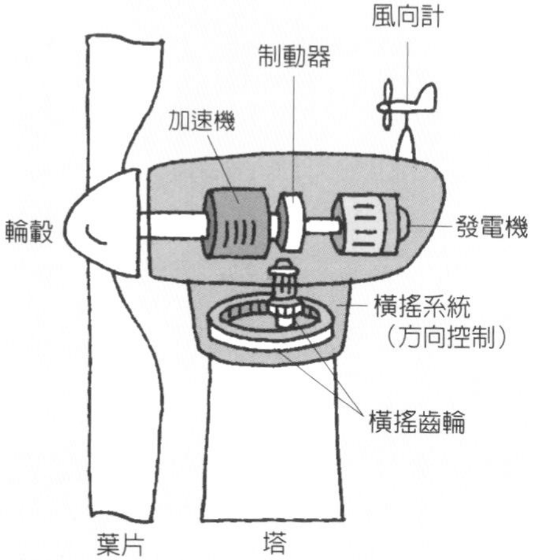

28 風車慢慢轉也能發電嗎？

當你看到大型風車悠閒地慢慢轉動，難免會擔心它是不是真的能夠發電。因為直徑80公尺的2MW等級風車要四秒鐘才能轉一圈，所以每分鐘只能轉十五圈。

這麼緩慢的轉速，跟不上一般風力發電機所使用的感應發電機額定轉速，也就是1500rpm（每分鐘轉速）或1800rpm。所以要使用加速齒輪把轉速提高100倍至120倍。這時，發電機的極數為四極。

另外，一般齒輪組是用來將高速的一定旋轉數轉換為低速的一定旋轉數，但是風車卻剛好相反，要將風速造成的變動低轉速的旋轉速提高到上百倍的高轉速。所以齒輪軸和齒輪本身必須承受極大的負擔，也是風車中最容易故障的元件。

另一方面，也有不裝加速機的風車，直接使用多極同步發電機，用緩慢的轉速來發電。這時候要使用特別訂做的發電機，直徑達到4公尺，極數有從50～100到一百極之多。

另外還有一種方式，就是多極同步發電機搭配加速比較低的齒輪組使用，這時候發電機極數會非常多，直徑也要更大才可以。

風車葉片的尖端速度與風車所受到的風速比，稱為葉尖速度比，這個比例會是五到十倍，所以當風速為8m/s的時候，葉尖速度就是40～80m/s。換算時速達到140公里～280KM。所以站在風車附近，會聽到葉片尖端發出風切聲。

重點BOX

- 大型風車要靠加速機增加轉速來推動感應發電機
- 使用多極同步發電機的風車，不必加速也能發電
- 風車看起來慢慢轉，但葉尖卻以高速切過空氣

以加速機提高轉速

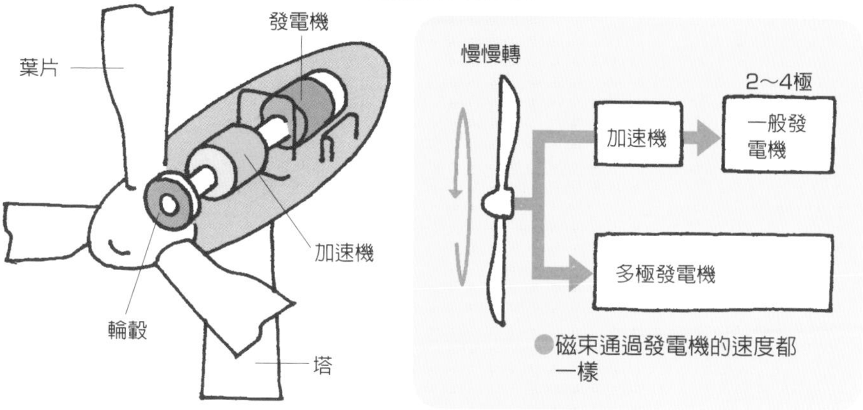

無齒輪※多極風力發電機的結構

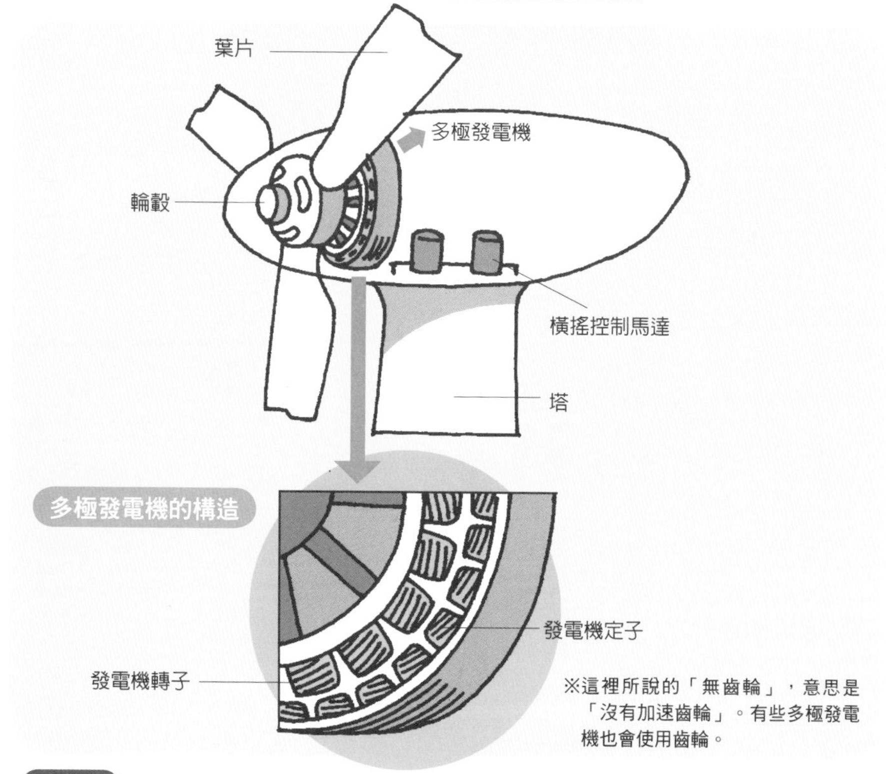

※這裡所說的「無齒輪」，意思是「沒有加速齒輪」。有些多極發電機也會使用齒輪。

用詞解說

MW：Mega Watt，兆瓦。1MW=1000kW。

29 風車轉速可以改變嗎？

失速控制與可變螺距機構

最近的大型風車有加裝可變螺距機構，可以配合風的強度，自動改變葉片角度（上圖）。這個創意來自於螺旋槳飛機。

風車要從停止狀態下啟動，或是風比較弱的時候，只要葉片對風的夾角越大，就能接收越多風能。達到額定風速之後，再減少葉片夾角，多餘的風就會自動穿過。

例如颱風這種風速達到25m/s的強風，葉片必須調整到與風向幾乎平行（feathering），讓大部分的風直接通過，轉子也跳離制動器保持空轉，讓葉片有如「楊柳隨風飄」般，保護風車不受強風破壞。

傳統的丹麥風力發電裝置，則採用一種叫做失速控制的方法。這種方式的風車葉片以固定角度安裝在輪轂上，當達到額定風速之後，氣流就會從跳脫葉片背面分離，引起失速現象。由於損失了強大的升力，也不會造成額定輸出以上的輸出。這種方式雖然簡單，但是精確度比可變螺距方式的旋轉控制要差。所以最近超過1000kW的大型風車並不採用這種方法。

另一方面，小型風車也有許多轉速控制機構，例如雅各布（Jacobs）風車就使用螺旋槳飛機常用的離心重錘可變螺距機構。

山田風車採用上方偏向機構，遇到強風的時候，風車旋轉面會偏向斜上方。世界各國則有許多風車採用概念相同的側邊偏向機構（下圖）。

至於垂直軸的打蛋型風車，葉片會因為離心力而張開，使風車失速。

重點BOX

- 可變螺距機構可自動調整葉片的角度
- 丹麥風車採用固定葉片角度的失速控制方式
- 小型風車也採用許多種類的旋轉控制機構

用可變螺距機構來改變葉片角度

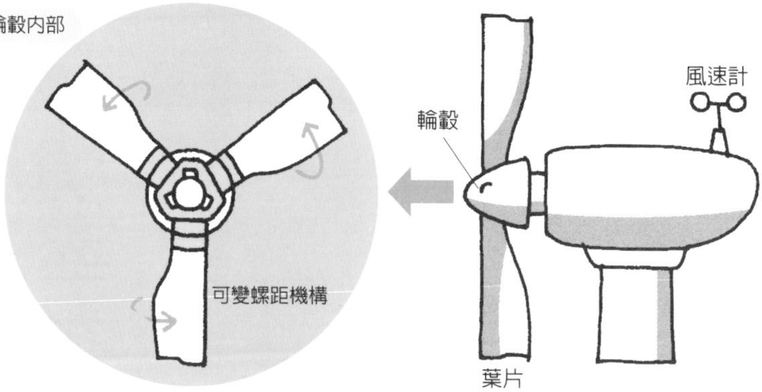

小型風車的速度控制

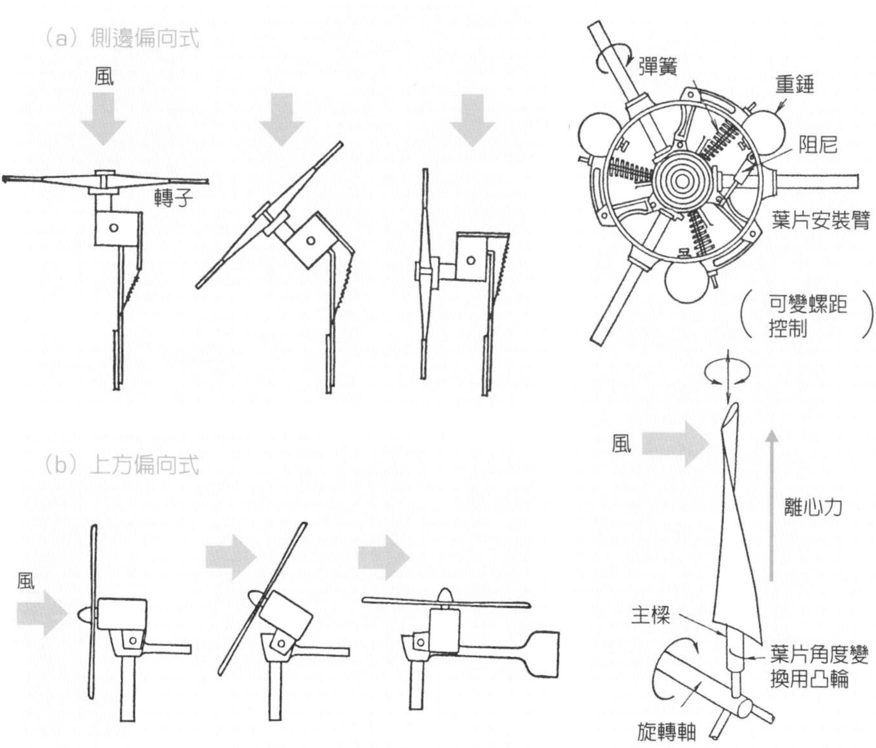

用詞解說

雅各布(Jacobs)風車：美國雅各布兄弟所開發的小型風車，1930到50年代曾經大量使用。

30 風車尺寸與輸出功率有何關聯？

風車輸出功率與大小成正比

最近風車的尺寸越來越大，在2009年，日本運轉中的最大風車，是建造在島根縣出雲市和靜岡縣磐田市的VESTAS公司3MW等級風車。額定輸出3MW，轉子直徑90公尺，包含葉片在內總高度為120公尺。

第二大的是兵庫縣南淡路市和山口縣下關市的GE公司2.5MW風車。額定輸出2500kW，轉子直徑88公尺，包含葉片在內總高度為129公尺。這些風車就像東京台場大型摩天輪那麼大（直徑100公尺，高度115公尺）。這個尺寸，比巨無霸噴射機（長度76公尺，翼展69公尺）的翼展還要大上兩倍。

當我們研究風車大小與輸出的關係，可以發現「風能與風速三次方成正比，與轉子面積成正比」。

也就是說，若空氣密度為ρ（kg／m^3），風車受風面積為A（m^2），風速為V（m／s），空氣質量流量為m（kg／s），那麼自然風的動能就如算式①所示。

所以風車的受風面積越大，也就是風車直徑越大，就能達到越大的功率。

世界最大的風車是由德國製造，額定輸出6MW，轉子直徑126公尺，包含葉片在內總高度為183公尺。這種風車的設計目標是要建造在沒有障礙物的海上。未來離岸風車設置數量一多，就需要更大的風車。預計2020年應該會出現額定輸出10MW，轉子直徑約180公尺，總高度達到250公尺的巨大風車。下圖表示風車大型化的過程，以及世界代表性商業風車的輸出與尺寸比較。

重點BOX

- 風車尺寸正逐年加大
- 風車輸出與受風面積，也就是轉子直徑的平方成正比
- 未來將出現輸出10MW，轉子直徑約180公尺的離岸風車

風車可以從風中抽取的功率

算式①

$$P=\frac{1}{2}mV^2=\frac{1}{2}(\rho AV)V^2=\frac{1}{2}\rho AV^3$$

P：風力能量（W）
ρ：空氣密度（kg/m3）
A：受風面積（m2）
V：風速（m/s）

若風速為兩倍……

↓

輸出就變成八倍！

↓

建造在強風處就很重要

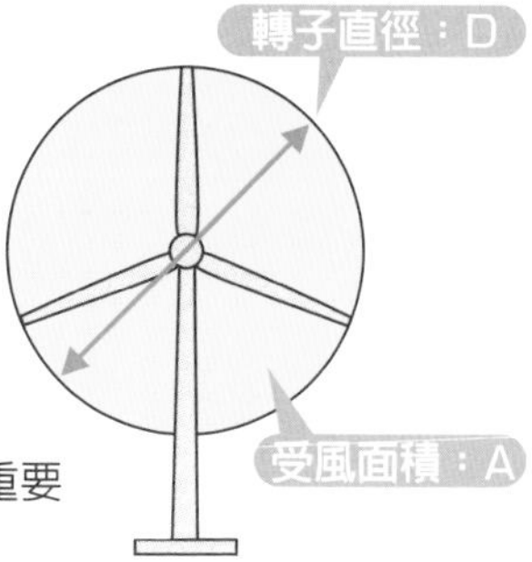

風車額定輸出以及轉子直徑的演進

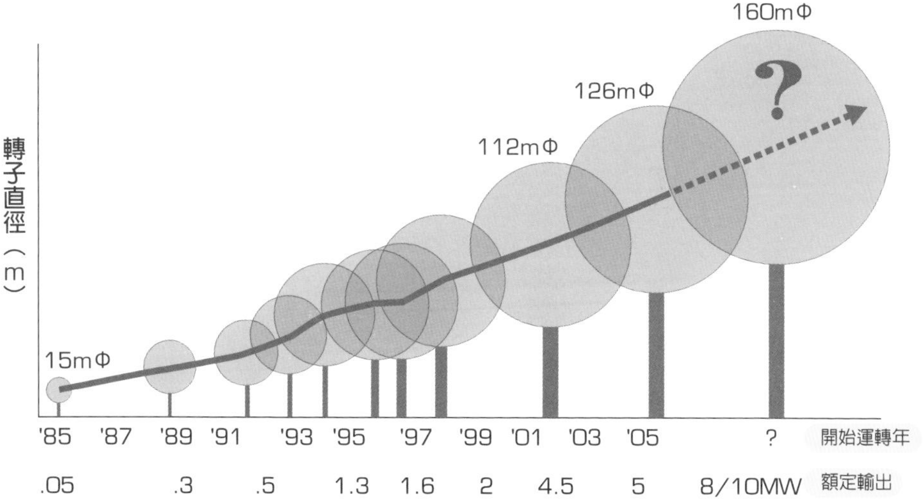

大型化的優點

- 大型風車的轉速比小型風車低，對景觀影響較少。
- 每單位輸出的發電量，與轉子面積成正比→設置大型風車效率較高。
- 設置離岸風車的成本與基礎成本成正比→建造設備容量較大的風車，可以節省成本。

31 風車無時無刻都在旋轉嗎？

風車有使用風速範圍

無論是大型風車或小型風車，沒有風當然就不會轉，而且除非有特別加寬葉片之類的加工，否則風速在2m/s以下也不會轉。風車開始轉動的風速叫做「啟動風速」，開始發電的風速叫做切入風速（Cut-in）。

另外碰到像是颱風或落山風之類的強風，風車為了自身安全會自動停機，這就是切出（Cut-out）。一般風車的運轉風速範圍是3m/s到25m/s之間，只要風速在這個範圍內，風車就會轉動。

風車的功率係數，從風車啟動開始就一直上升，在達到額定轉速之前的瞬間會出現最大值。達到額定輸出之後，風就會直接通過葉片，這時風速越大功率係數反而越低，而且降得更快。

當颱風接近大型風車，風速超過25m/s的時候，風車就會自動停機，同時風車會將旋轉面迎風，讓風車葉片角度與風向平行，讓風完全通過。而且這時候轉子也不會連接制動器，進入「空檔」的空轉狀態。即使是強烈颱風，風車也無動於衷。

當風車或電纜線發生故障的時候，會自動停機。另外風車每年要做兩次定期保養，這時候當然也要停機。

以前的小型風車只要用制動器就可以停機，但是最近的大型風車則會改變葉片扭轉角，讓風直接吹過（與風向平行）而使風車停機。這就叫做順槳（feathering）。

重點BOX

- 開始旋轉的風速叫做啓動風速，開始發電的風速叫做切入風速
- 強風下自動停機的風速叫做切出風速

風車的運用風速範圍

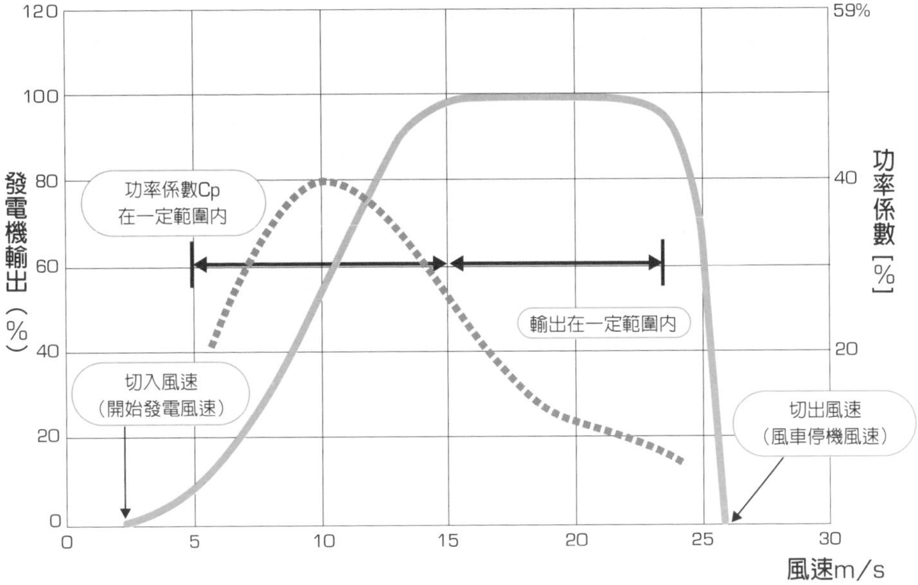

大型風車在風速3～4m/s的時候開始旋轉，輸出與功率係數也會隨著風速越來越大。當風速達到額定風速12m/s左右，就會改變葉片角度，讓多餘的風直接通過。

32 風車轉動的是何種發電機？

主流為感應發電機與同步發電機

研究風力發電歷史，可以發現十九世紀末到二十世紀初，只有使用社區用的低輸出小規模直流發電機。到了第二次世界大戰之後，輸出規模越來越大，並出現了使用交流發電的系統連結方式。

左圖中說明目前大型風力發電裝置所使用的發電機種類與特徵。二十世紀末的世界風力發電市場上，有許多1000kW左右的中型機種，其中以(A)附齒輪的鼠籠型（squirrel cage type）感應發電機，(B)附齒輪的線圈型感應發電機（滑動式變速控制）為主流。但是進入二十一世紀以來，主流機種大到2000kW以上，就必須讓輸出變動越小越好。因此主流機種慢慢成為(C)附齒輪的線圈型感應發電機（二次激磁變速控制），(D)無齒輪多極同步發電機（換流器變速控制）等兩種。

尤其是德國於2002年起用了(D)型的6000kW機種，又在2004年底啟用(B)型5000kW，2005年啟用(B)型6000kW等。至於其他機種，(A)型有輸出變動以及效率問題。使用永久磁鐵的發電機，冷卻性能與價格的問題相當明顯，所以慢慢沒有人使用了。

但是(A)型功能單純，價格低廉，要運輸到山區、離島等地方比較簡單，往後應該能夠持續供應1000kW以下的小型風力發電需求。

圖表中說明目前主要的A、B、C、D四機種的電氣特徵，但是根據發電方式不同，切入風速、系統連接時的突升電流、中低風速範圍的發電效率、額定風速以上的輸出變動、切出方法等等，都大不相同。

重點BOX

- 早期風力發電使用輸出規模較小的直流發電機
- 第二次世界大戰之後，逐漸變成交流發電的系統連結方式

代表性的發電機

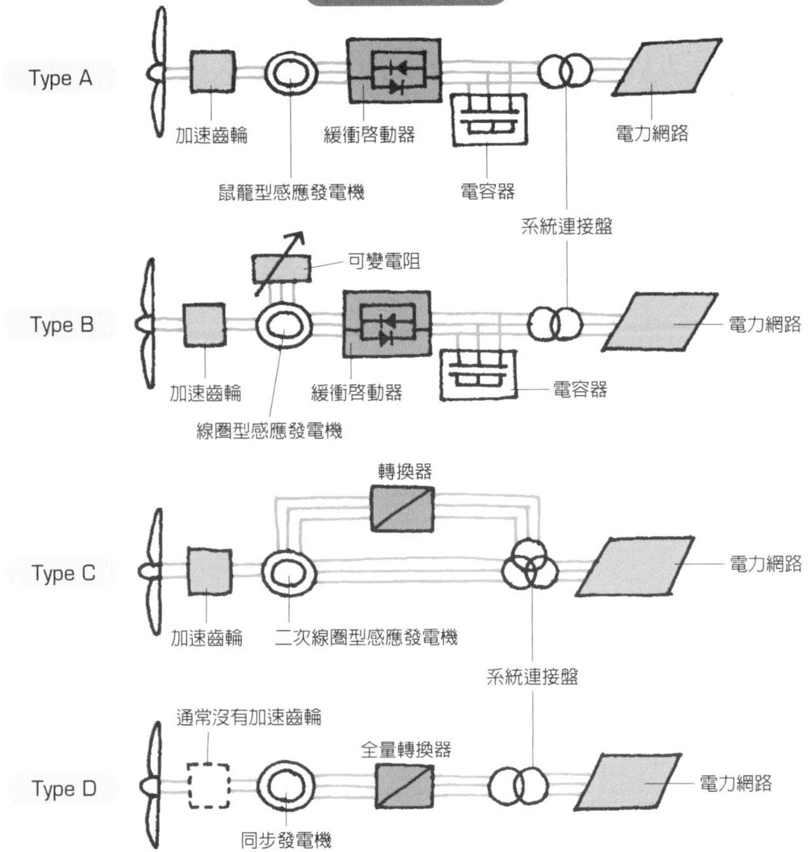

Type	運轉方式	發電機	優點	缺點
A	定速	鼠籠型感應發電機	便宜、構造簡單、堅固	閃爍電壓、無法調整電力、電阻率高
B	變速	線圈型感應發電機	可調整最佳輸出	轉換器尺寸大、昂貴
C		二次線圈型感應發電機	可調整最佳輸出、轉換器尺寸較小	速度範圍有限、昂貴
D		同步發電機	可調整電壓與輸出、無變速箱、高效率、堅固、自激磁	需要全量轉換器、發電機構造複雜、非常昂貴

（引用自Hansen&Hansen、2007）

用詞解說

閃爍電壓：當系統中電流變化的時候，對負載供應的電壓也會改變，造成燈光閃爍之類的現象（flicker）。

Column

風力發電的收入與支出比是多少？要多久才能回本？

有兩種方法可以考核火力發電、核能發電、風力發電等各種發電系統，那就是能源收入支出比（ＥＰＲ）和能源回收期（ＥＰＴ）。本專欄介紹產業技術綜合研究所在２００８年所作的研究成果。

ＥＰＲ是找出某能源機器從製造到設置完成為止的累積能量與機器壽命結束為止所產生的累計能量之間的比值；ＥＰＲ值越大，這部能源機器當然就越優秀。

根據研究顯示，風力發電的ＥＰＲ值為38～54，是所有再生能源中ＥＰＲ值最優秀的一種。先前的火力發電與核能發電還不到1，相較之下就知道風力發電是多麼優秀的能源轉換技術。

另一方面，ＥＰＴ代表能源機器要多久才能回本。也就是說，ＥＰＴ值越小，能源機器越優秀。從圖中可發現核能與化石燃料火力發電沒有回收期，也就是絕對無法回本；而水力之類的再生能源卻有0.6年這樣的漂亮數字。以風力來說，機器壽命若有二十年，ＥＰＴ就是０．56～０．79。

未來風力發電的壽命想必會更長，ＥＰＴ數值也會更小。所以無論是從收支比來看，或是從回收期來看，風力發電都是一種優秀的發電裝置。

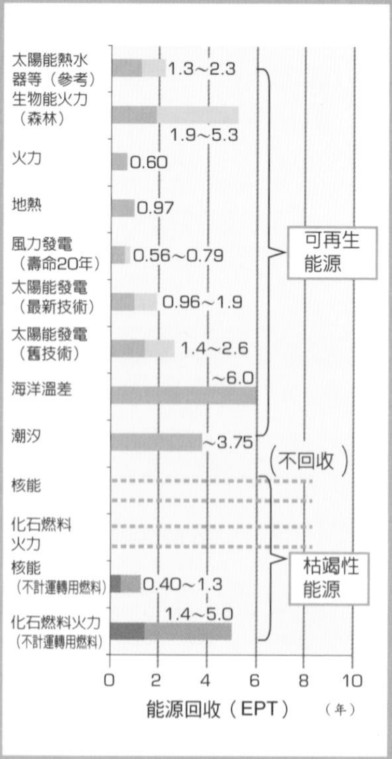

出處：產業技術綜合研究所
太陽能發電研究中心

第 4 章

風車的種類與使用方式

33 風車有哪些種類？

風車使用歷史悠久，種類繁多

風車起源於紀元之前，歷史相當悠久。歐洲國家從十四世紀之後就開始用風車來磨麵粉、汲水，甚至是切割木材、攪拌、榨油、製紙等各種用途，長達七百年以上。而且不同國家與地區，會有不同的地形、社會文化、用途、技術傳統、可用材料，因此出現了各式各樣的風車。風力發電從十九世紀末開始，隨著二十世紀的航空技術發達，短時間內就進步至今。包含古老風車在內，風車可分成以下種類。

首先，風車可以如左頁上圖般，依輪轂方向與形狀作分類。一般是用旋轉軸對地面的方向來區分，可分成水平軸風車與垂直軸風車，不過也有在垂直導管中設置螺旋槳型風車的垂直旋轉軸風車。另外也有把橫流型風車和桶型轉子風車改成水平軸風車使用的例子。所以正確定義應該是「旋轉軸對風向平行的稱為水平軸風車，對風向垂直的稱為垂直軸風車」。

而且，水平軸風車還分成旋轉面在塔身前方迎風的迎風型，和在塔身後方背風的背風型。目前的大型風車幾乎都是迎風型，不過日本富士重工業為了有效利用山坡的上升風，已經成功開發並量產了目前世界唯一的背風型風車SUBARU80／2.0。

另外，迎風型風車的旋轉面必須保持正對風向，所以小型風車會用尾翼控制旋轉面，大型風車則用機艙上的方向器探測風向，再用橫搖控制馬達讓整個機艙旋轉，使風車旋轉面迎風。

重點BOX
- ●風車根據旋轉軸方向，可分為水平軸與垂直軸
- ●水平軸風車又分為迎風型與背風型
- ●水平軸風車必須配合風向控制方向

各式各樣的風車

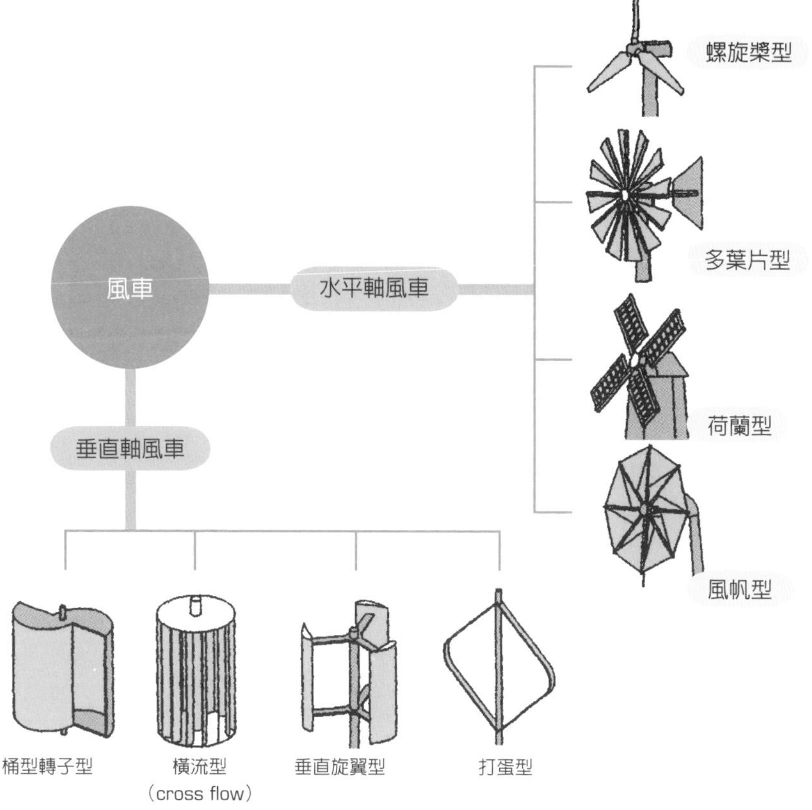
風車
水平軸風車
螺旋槳型
多葉片型
荷蘭型
風帆型
垂直軸風車
桶型轉子型
橫流型
(cross flow)
垂直旋翼型
打蛋型

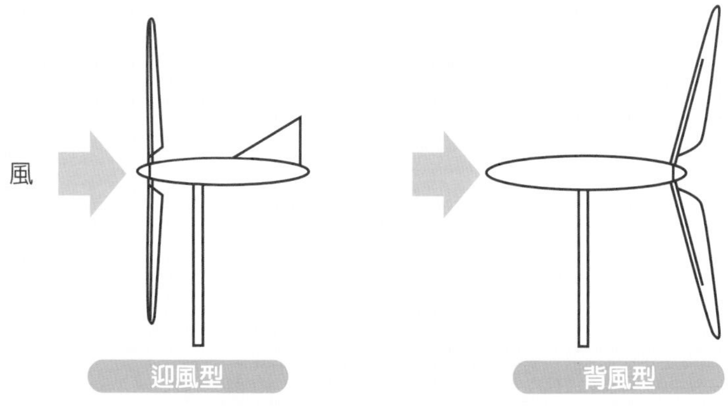
風
迎風型
背風型

34 水平軸風車的種類

螺旋槳型、荷蘭型、多葉片型等等

目前風力發電所使用的風車，幾乎都是三葉片的螺旋槳型風車，這就是代表性的水平軸風車了。由於十九世紀末之後才出現這種風車，從歷史上來看算是相當新的種類。十九世紀中葉以來，與航空工程有關的空氣力學突飛猛進，有這樣的成果，才能設計出使用升力推動的高性能葉片。

目前螺旋槳風車普遍使用在直徑1公尺以下的小型風車，到直徑１２０公尺以上的超大型風車。它可以說是空氣力學與控制工程長久累積下來，最有效率的風車型態。

另外，在風力發電實用化之前的代表性風車，就是同屬水平軸風車的荷蘭型風車。從十四世紀開始，這種風車就普遍用來汲水或磨麵粉。到十九世紀初，荷蘭已經建造了一萬座左右的風車，一座直徑20公尺左右的標準風車就能做兩百人份的工作。後來歐洲各國模仿荷蘭風車建造自己的風車，現在仍保存著許多風車，成為歷史古蹟。

至於十九世紀初開始，美國首先使用，並建造了六百萬座以上的美國多葉片型風車，也是水平軸風車。目前美國、澳洲、阿根廷還有十五萬座以上的這類風車正在運轉。這種風車的葉片數量從10片起跳，最多可以達到20片以上，旋轉軸（torque）的扭力相當大，所以能從較深的水井中汲水。

另外像希臘、西班牙、葡萄牙等地中海沿岸地區，則使用三角形帆布製作轉子，作成風帆型風車，用來磨麵粉或汲水。或許是因為這種風車既浪漫又懷舊，所以也是當地的觀光地標。從歷史上來看，水平軸風車可說是風車的代表。

重點BOX

- 中世紀以來，歐洲使用了許多的荷蘭型風車
- 十九世紀之後，多葉片型風車建造了六百萬座以上
- 二十世紀，隨著航空工程發展，螺旋槳型風車也更加發達

各式各樣的水平軸風車

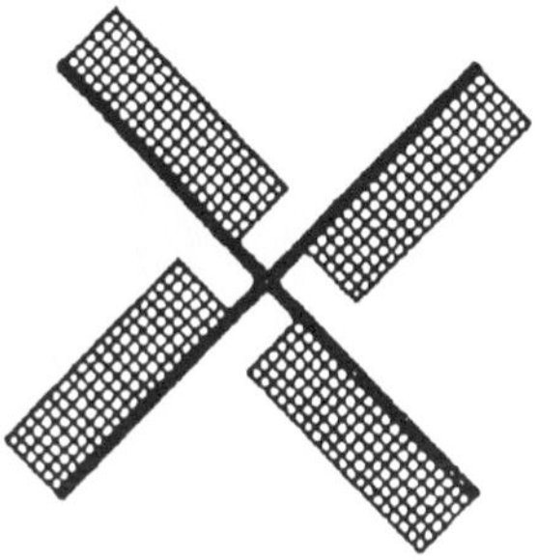

①荷蘭型風車

②多葉片型風車

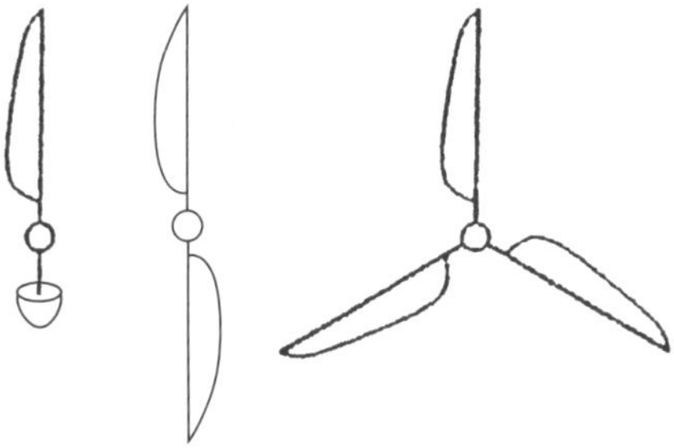

③螺旋槳型風車

④風帆型風車

目前世界各國運轉中的十萬座以上大型風車，幾乎都是三葉片螺旋槳型風車。而荷蘭型風車和多葉片型風車在歷史上也相當知名。

35 垂直軸風車的種類

桶型轉子型、打蛋型、橫流型等等

垂直軸風車最大的特徵，就是即使風向改變，也不需要控制風車轉向。因此無論風從什麼方向吹來，都可以加以利用。

最簡單的垂直軸風車，就是將平板扭曲成S型的S型轉子風車，日本通常用它來打廣告。

另外也有把圓桶縱切成兩半，兩半錯開之後，在中間加上旋轉軸而成的桶型轉子風車。這種風車是1930年代芬蘭人S．J．Savonius所想出來的。主要是以阻力來旋轉，所以轉速較低，不適合用來發電，但是可以用來為建築物、車輛作內部換氣，或是用來汲水。另外由於構造簡單，也是很受歡迎的手工風車。

再來是延著上下圓盤的圓周，安裝許多細長葉片的橫流型風車（如圖）。這種風車受風旋轉時，氣流會通過風車內部，所以叫做橫流型（cross flow）。特色是轉速低而安靜，主要用來換氣。

另一方面，使用升力的代表性垂直軸風車，就是打蛋型風車。在旋轉軸的上下兩端，安裝有如弓一般的二或三片葉片（如圖）。這是法國人G．J．M．Darrieus在1930年代想出來的風車，葉片在旋轉中有如跳繩型（troposkien，意指跳繩時繩索的形狀），所以葉片能夠承受旋轉時的強大離心力，是種理想造型。這種風車可以用來發電，但缺點是不容易自己啟動。除了打蛋型風車之外，還有將打蛋型風車葉片改成直線型的直線葉片垂直軸風車，或是改變葉片角度的迴轉磨坊型風車等等。

垂直軸風車的優點，是可以把沉重的發電機放在地面附近。但是細長的旋轉軸很難固定在地面上，所以目前通常只用在小型風車上。

重點BOX

- ●垂直軸風車不需要控制方向
- ●桶型轉子風車轉矩大，但是轉速低，所以效率也低
- ●打蛋型風車轉矩小轉速高，所以效率較高

各式各樣的垂直軸風車

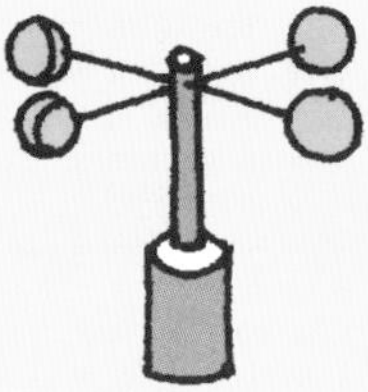

①杯型風車

②S 型轉子

③橫流型風車

④桶型轉子風車

⑤打蛋型風車

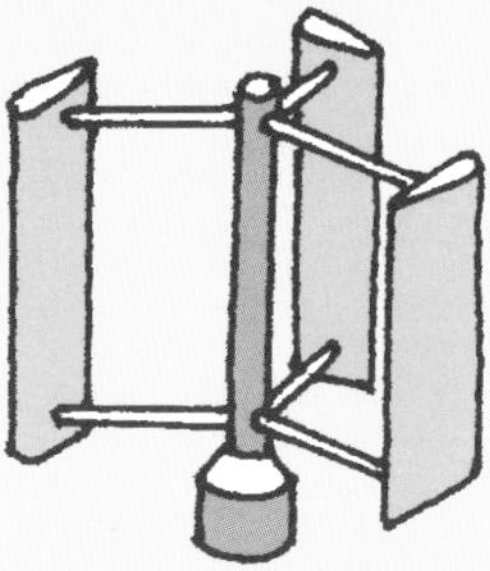

⑥直線葉片垂直軸風車

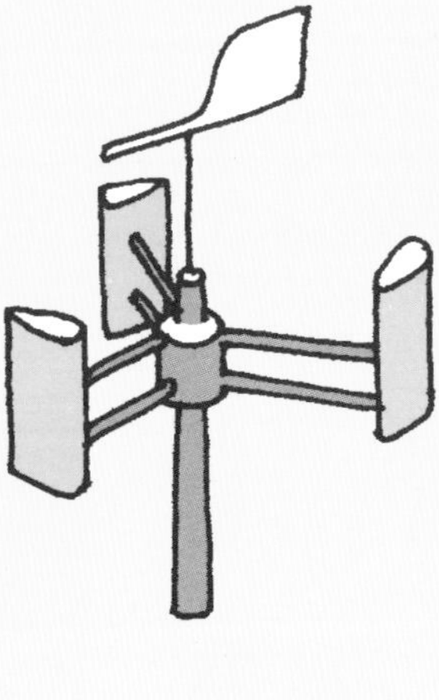

⑦迴轉磨坊型風車

迴轉磨坊型風車通常配有風向計，
隨時將葉片自動調整至最佳角度。

36 水平軸風車與垂直軸風車，誰領風騷？

目前水平軸較佔優勢，但未來將如何發展？

大型風力發電裝置，幾乎百分之百都是水平軸三葉片螺旋槳型風車。另一方面，為什麼垂直軸的打蛋型風車沒有人要用呢？

這要從技術與成本兩方面來比較。從技術上來看，打蛋型風車取得專利的時間是1930年代末期，實際開發時間是1970年之後，沒有螺旋槳型風車那麼長的開發歷史與使用績效。1997年加拿大的垂直軸風車研究家卡爾兄弟（Carl Brothers），就以「神話與現實」來比較水平軸風車與垂直軸風車。

①水平軸風車並沒有技術優勢，只是以龐大開發經費取得成功。②目前對垂直軸風車的技術潛力探索，只不過是驚鴻一瞥。③水平軸風車也有許多缺點，目前只是在尋找克服缺點的必要手段。

尤其是垂直軸的打蛋型風車不需要特定風向，對地形複雜、風向千變萬化的國家來說，有本質上的優勢。而且葉片對旋轉軸對稱，上下兩端還固定住，構造相當穩定。發電機等重型元件設置在下方，穩定性更高。這對未來的浮體式離岸風力發電來說，是相當大的好處。

打蛋型風車的高度與直徑比例稱為長寬比（Aspect ratio），圖表中表示四種不同長寬比的打蛋型風車，以及兩種水平軸風車。從每單位輸出的轉子受風面積來看，螺旋槳型的受風面積較小，但是打蛋型卻有足以超越這項缺點的優勢。

打蛋型風車才剛開始研發，未來很有可能產生極大的突破。

重點BOX

- ●目前是水平軸風車獨大，但……
- ●垂直軸風車也有許多優點
- ●升力型垂直軸風車的開發歷史很短

打蛋型風車的長寬比與水平軸螺旋槳型風車的比較

	直徑 [m]	高度 [m]	受風面積 [m2]	轉速 [rpm]	輸出 [kW]	轉矩 [Nm]
 水平軸 螺旋槳型風車	10	—	79	95	31	3100
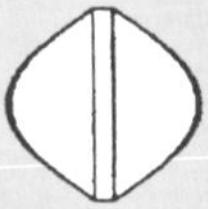 垂直軸 打蛋型風車 1：1	10	10	67	95	23	2300
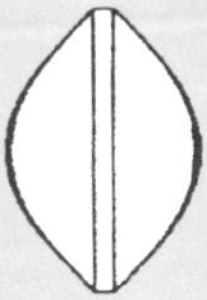 垂直軸 打蛋型風車 1.5：1	10	15	100	95	34	3400
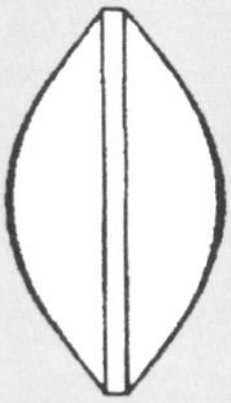 垂直軸 打蛋型風車 1.8：1	10	18	120	95	41	4100
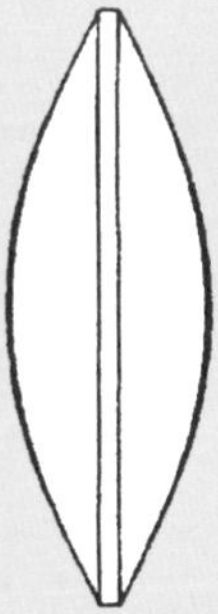 垂直軸 打蛋型風車 3：1	10	30	200	95	68	6800
 水平軸 螺旋槳型風車	14.7	—	170	85	68	9960

37 如何測量風車的性能？

轉矩、功率、葉尖速度比（TSR）

第34項及35已經說明過風車種類繁多，但是要比較這些風車的性能，就必須知道怎麼測量及表示它們的性能。

要評價風車性能時，最好有一個普遍的特性係數，可以套用在所有風車上。本節舉出幾種特性係數，以及各種係數下的性能評價結果。要設計風車葉片的時候，第一步就是用旋翼—動量複合理論來決定葉片形狀，然後以設計形狀試做出風車模型。然後用人工造風裝置（風洞）來進行風車實驗。這時候會使用轉矩計和轉速計，測量轉矩以及對應轉速，就可求出轉矩係數和功率係數。風車可從風中抽取的能量比例，就叫做「功率係數」。

另外，為了表示風車性能，學者定義了「葉尖速度比」，也就是葉片尖端速度與風車受到的風速比例。

本節舉出各種代表性風車的功率係數—葉尖速度比關係，以及轉矩係數—葉尖速度比關係。從圖表中可以發現，升力型的螺旋槳型風車與打蛋型風車，轉矩係數低而功率係數高，葉尖速度比也高，所以適合風力發電。

另一方面，桶型轉子風車和美國多葉片型風車功率係數雖低，但是轉矩係數較高，所以能靠較弱的風啟動，適合推動抽水幫浦等等。另外也有人將葉尖速度比高的風車稱為高速風車，葉尖速度比低的風車則稱為低速風車。

只要比較各種風車的性能，就能找出適合負載用途的風車。

重點BOX
- ●旋轉機械的性能評價重點是轉速、轉矩、功率
- ●用風洞測量轉速與轉矩，求出功率
- ●可以從模型特性推測實際機械特性

各種風車的功率係數及轉矩係數

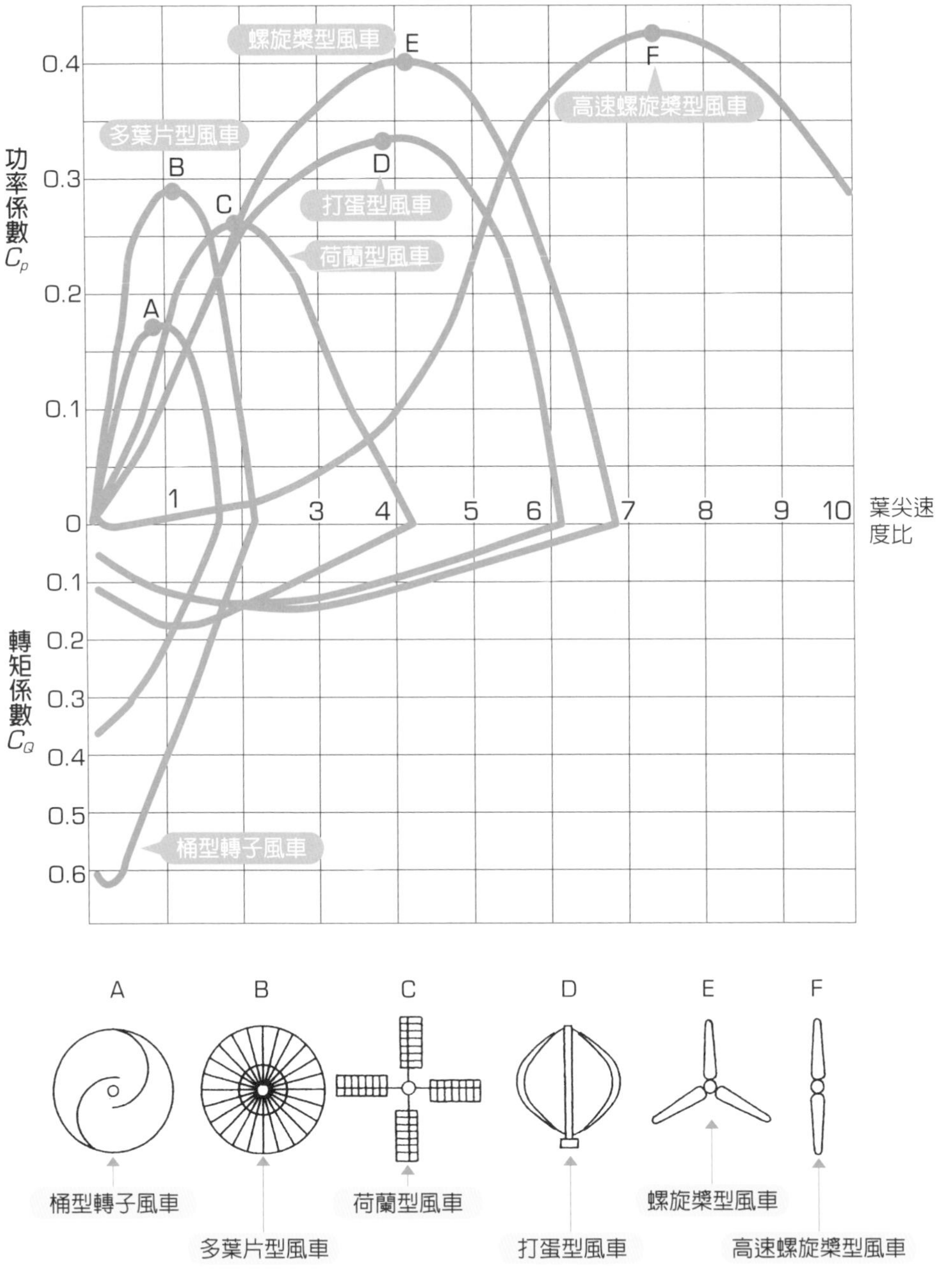

38

竟然有這麼怪的風車？

馬格努斯風車、太陽煙囪風車等等

風車是人類最古老的動力機械，特徵就是種類非常多樣化。世界上有許多怪異的風車，本節介紹足利工業大學參與研發的怪異風車，以及太陽煙囪風車。

1852年，德國人H．G．馬格努斯（Magnus）發現若是讓圓筒在氣流中旋轉，圓筒周圍的壓力分布會不對稱，進而產生升力。馬格努斯風車就是利用此原理所發明的風車。

這種風車如圖所示，使用旋轉的圓筒代替葉片。這是「秋田馬格努斯協會」的共同研究成果，靈感來自於俄國第三大城新西伯利亞（Novosibirsk）的應用力學研究所模型實驗成果。日本開發出了直徑8公尺的實用機型，借用加州NASA艾姆斯研究中心的世界最大風洞進行詳細實驗，而且已經投入市場銷售。

另外，這種風車的圓筒原本要以馬達驅動，但是足利工業大學將圓筒本身改成細長的桶型轉子風車，這樣就不需要馬達，只要有風就能使桶型轉子轉動，進而讓整個大風車轉子轉動。

太陽煙囪風車是俄羅斯、德國、西班牙、澳洲等國家共同提案的風車。而實際開始運轉的實驗風車，只有德國與西班牙在1980年代共同開發的唯一一座，位於西班牙曼薩納雷斯（Manzanares）。

如圖所示，這種風車底部有直徑100公尺的溫室型太陽能集熱裝置，其中央有直徑10公尺、高200公尺的煙囪狀圓筒，藉由圓筒上下的溫度差及煙囪效應形成的上升氣流，來推動安裝於圓筒內的螺旋槳型風車。

雖然已經證實技術上確實可行，但是卻得不到預期的效應，而無法實用化。

重點BOX

- ●不用固定葉片，而靠旋轉圓筒來產生升力
- ●馬格努斯風車係轉動一筒型轉子的風車
- ●利用煙囪效應和上升氣流

馬格努斯效應的原理和馬格努斯風車

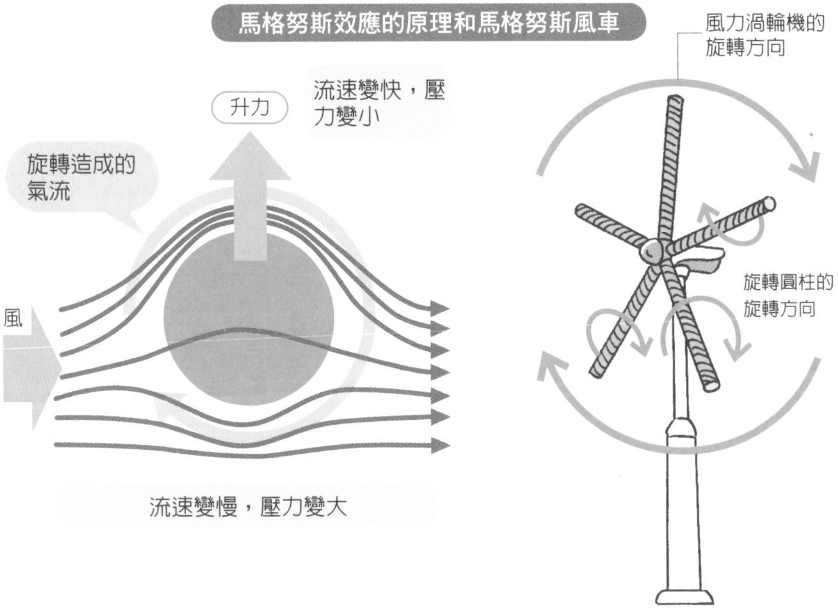

德國/西班牙的太陽煙囪風車

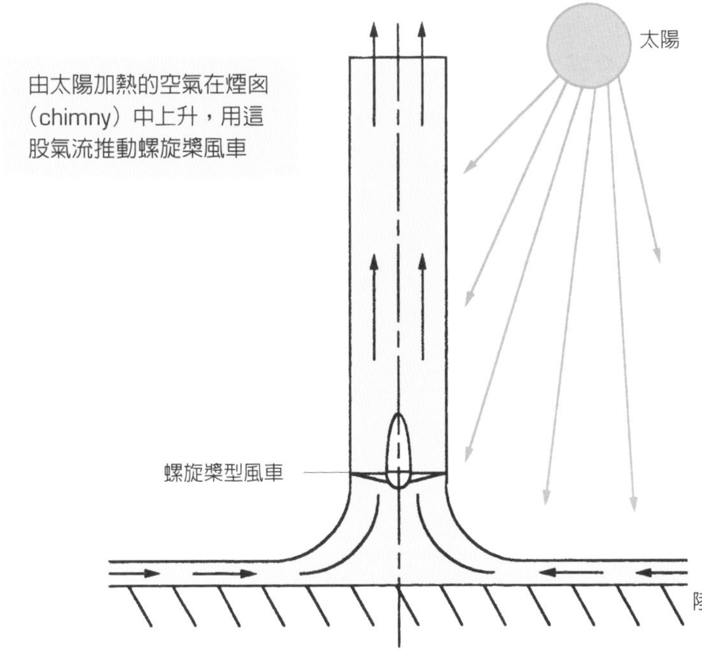

39 帥氣的風車

追求風車的設計感

觀察工業技術的歷史，就知道一開始都會先開發必須技術，接著是追求應有的性能，然後提升設計性。英文把交通用的機械統稱為「Vehicle」，它的歷史隨著船舶、鐵路、汽車、飛機、火箭而演進，速度也不斷增加。最近的鐵路速度已經超過了汽車，而這些交通工具的外觀也隨著速度增加，必須追求空氣力學上的低阻力設計，也就是多了「功能美」。

最早的汽車是在馬車上裝引擎，方方正正的，機械零件毫無遮掩，後來才慢慢變成現在的流線型。飛機也是從複翼機進化到單翼機，從固定輪進化到摺疊輪，速度更是從亞音速到音速，甚至超音速。飛機的設計也是從一開始圓滑的流線型，慢慢變成現在這種尖銳的刀刃造型。

由於風力發電的歷史還很新，目前仍在追求性能的階段。尤其是實驗用的試作機種根本就忽視設計感，只追求最大效能。但是風車體積越來越大，提高設計性不僅可以美化風車本身，更可以與周圍景觀互相協調，甚至互相襯托。所以也是相當重要。

目前有造船公司設計的風車，飛機廠商設計的風車，更有跑車大廠保時捷所設計的風車。日本飛行器廠商富士重工業所設計的100kW風車，就獲得了新能源基金會的優良設計獎。

另外，在小型風車中，有些廠商會根據顧客要求或設置場所，改變垂直軸風車的設計。

重點BOX

- ●交通工具的外型隨著速度提升而更加流線化
- ●也可以套用跑車設計
- ●飛行器廠商擅長空氣力學設計

帥氣的風車

SUBARU 風車
（獲得優良設計獎）

提供：富士重工業

德國 REPOWER 風車（保時捷設計）

提供：德國REPOWER公司

荷蘭 Turby 公司的
垂直軸風車

提供：荷蘭Turby公司

40 這樣可以讓風車威力升級

用筒子集風、加上小葉片等等

第19項說過，理論上風車能從風中抽取的能量，最多只有59．3％。而實際的風車會因為空氣力學摩擦和空氣渦流產生損失，即使是大型螺旋槳風車也只能抽取45％左右。所以許多人都在研究如何提高風車的性能。圖中舉出幾種代表性的方法。

①**擴散筒（defuser）方式**：將風車設置在漏斗狀的圓筒中，讓風車後方的氣流更順暢，藉由吸入效果提高通過風車的風速。只要風速增加10％，功率就增加30％。另外也有將擴散筒反過來裝在風車前面，增加風速的聚風筒（concentrator）方式。

②**龍捲風方式**：讓圓筒周圍流入的氣流產生龍捲風型的上升氣流，利用氣流吸引力使風車加速。理論上相同口徑的轉子，輸出可以增加十到一百倍，可惜尚未實現。

③**渦流強化（vortex augment）方式**：套用航空力學經驗，將螺旋槳型風車設置在三角形翼的前端，該處會產生前緣剝離渦流，實驗證明可以得到5～8倍的輸出提升。但是目前尚未實用化。

④**小葉片（chip vane）方式**：有實例證明此方法能夠消除葉片前端的渦流，又有聚風效果，性能可以大幅提升。日本三重大學的清水幸丸教授就以「三重葉片」方式作出了高性能風車。

⑤**翼端帆（winglet）方式**：也就是用來防止飛機翼端失速的技術，方法簡單，但是足利工業大學也得到了不錯的研究成果。

其他還提出了很多提升性能的方法，即使在實驗室中展現高性能，但是得先就實際製造出來之後的性能增加狀況與強度以及成本增加程度做比較之後決定是否以採用。

重點BOX

- ●用導管提高流入風速
- ●使流入風產生龍捲風
- ●在葉片尖端附加小翼

各種增加輸出方式

①擴散筒（defuser）方式

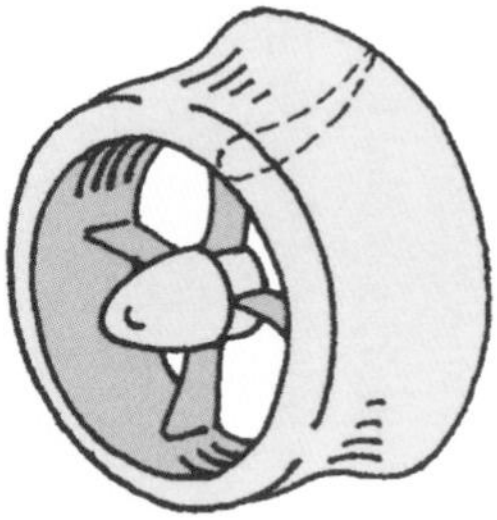

②龍捲風方式

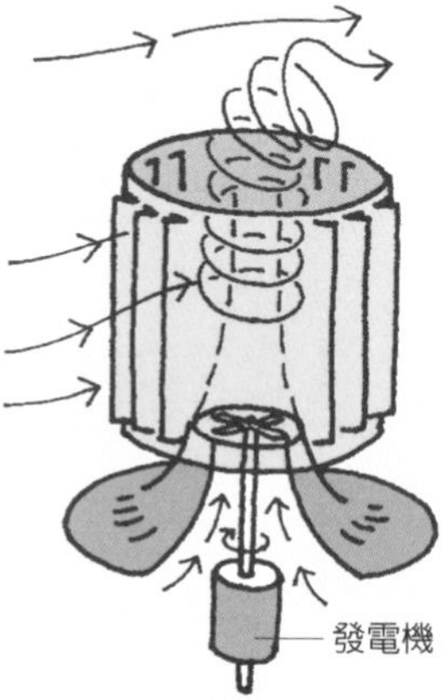

③渦流強化（vortex augment）方式

④小葉片（chip vane）方式

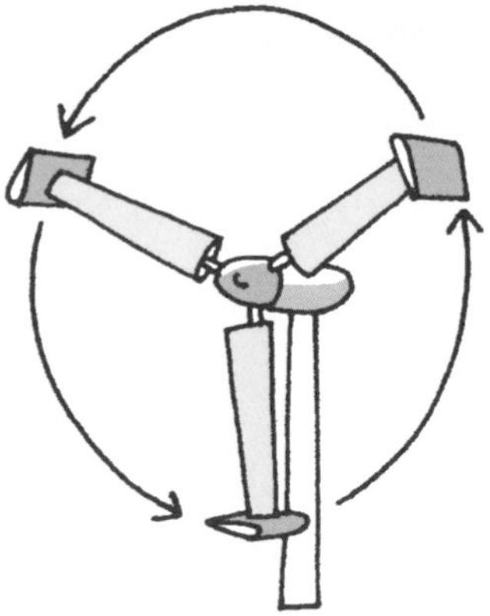

⑤翼端帆（winglet）方式

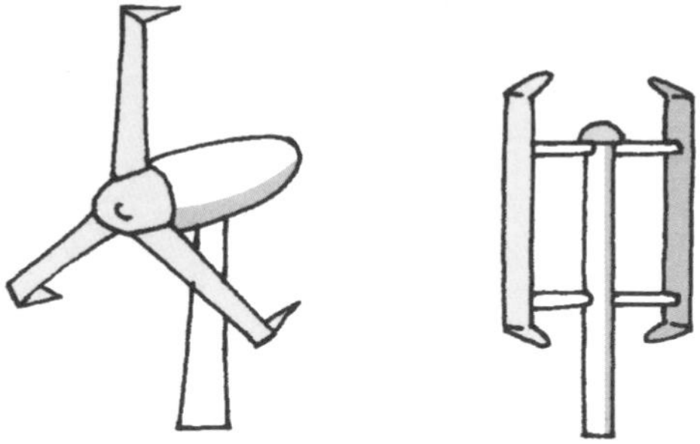

41 風力發電可以先儲存再使用嗎？

獨立電源與系統連結

大致來說，風力發電可分為獨立電源，以及連接電力系統的系統連結方式。

第7項說過，小型風車通常會先將電力存在電池中，再用於各種用途。大型風車幾乎百分之百都採用系統連結方式，連接到電力公司的電力網路。但是風力發電不會無限制地對電力系統供電，由於風車發電量會隨風力強弱而改變，各國都努力設計新的電力網路，以便大量引進這種變動電源。

風力發電王國丹麥的風力發電對電力系統的灌輸率（風車電力/電力系統容量）平均為18%（夜間超過50%），居世界第一。但是丹麥的供電網路與挪威、瑞典相連，可以靠著斯堪第那維亞半島的豐富水力發電來調節負載，才能達到這麼漂亮的數據。

西班牙境內70%以上的風車都經由遙控監視裝置連接到中央供電控制室，隨時檢查風力發電的灌輸率、電壓等變動數據，以維持供電網路的安定性。另外還根據電腦氣象預測，預測隔天至隔週的風力發電廠發電量，再根據預測數字準備備用電源。

另一方面，歐盟各國正在檢討「超級電力網計畫」，以通過北海、波羅的海的海底高壓電纜連接英國、德國、北歐各國，再連上數十GW的離岸風力發電廠，以追求全歐洲供電系統的安定化。

而美國也開始著手「智慧電力網計畫」，以資訊科技完全管理風力等變動電源，以及充電式混合車等末端需求，就可以用車用蓄電池吸收風力發電的輸出變動。

重點BOX

- ●小型風車的電力會先存在電池中
- ●大型風車幾乎都採用系統連結方式
- ●要增加連接設備容量，必須先強化系統

智慧電力網系統示意圖

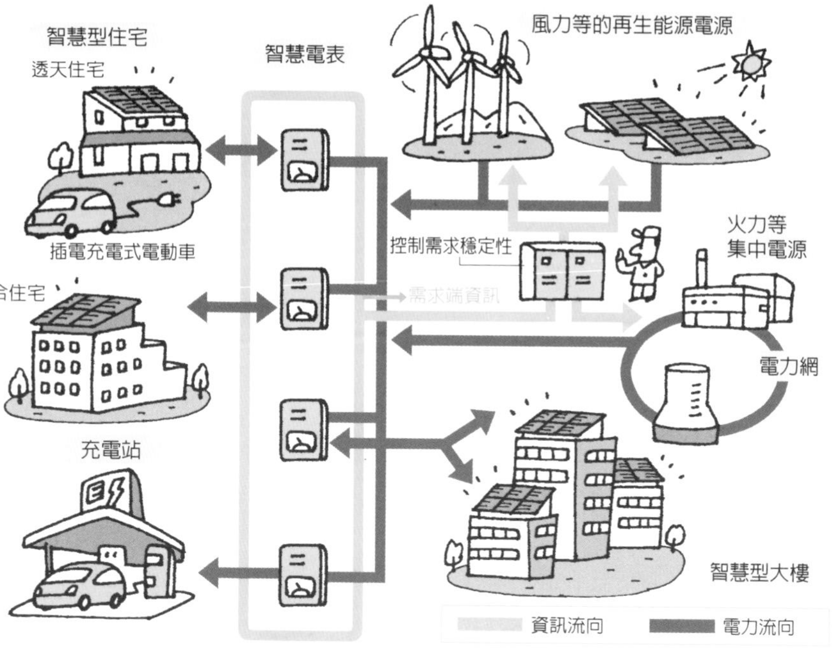

歐洲超級電力網計畫

（省略地熱、生物能）

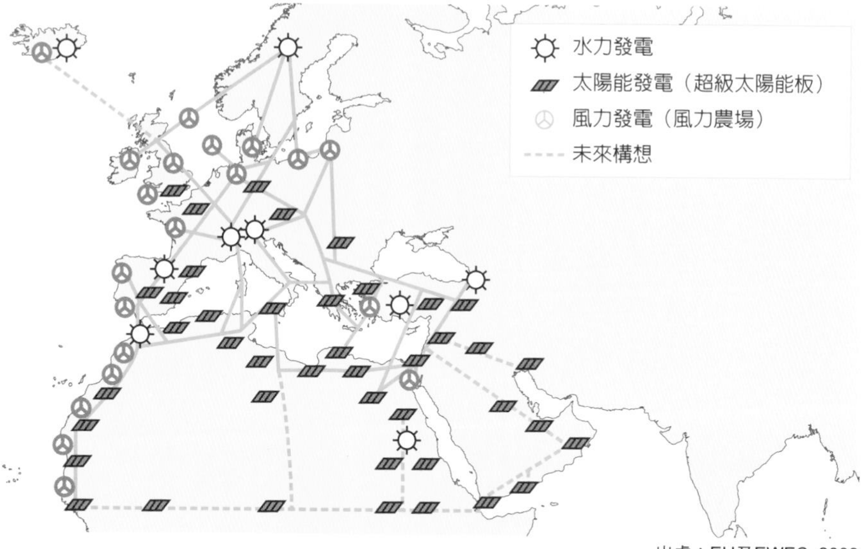

出處：EU及EWEC 2009

42 風與光的混合系統

WISH系統將拯救世界

太陽能電池研發者，前三洋電機董事長桑野幸德先生，提出了GENESIS（Global Energy Network Equiped with Solar Cells and International Super-Conductor Grids）計畫。

這個構想是以超導體纜線連接全世界的太陽能電池，讓人類隨時都可獲得能量。而且目前2010年的全球能量消耗相當於14億kℓ／年的石油，竟然只要沙漠總面積的4％（約804平方公里）就可供應，真是有如美夢一般的計畫。

如果將風力發電連接上GENESIS系統，利用風力與太陽能互補的特徵，就能做出全球的風力與太陽能網路G-WISH（Global Wind and Solar Hybrid）系統（上圖）。一旦完成此系統，全球能源不足、地球暖化問題一定都能獲得相當的解決。目前超導體纜線仍在研發階段，即使技術問題已經解決，若不能克服經濟成本問題，還是無法建立全球網路。或許到了2050年左右，就會實現G-WISH吧。

另一方面，足利工業大學提出了WISH（Wind and Solar Hybrid）BOX（下圖），這是一種組裝式的小型風力發電機與太陽能電池，可以給開發中國家的無電力村落作為照明或收音機、小型電視的電源，或是先進國家的戶外活動用，受災者的獨立電源等等。

這個WISH BOX在開發中國家的市場之大令人出乎意料。因為這不僅可以用來照明、收集資訊，還可以用來當作貯藏血清的小型冰箱電源。

這個系統不使用先前的額定風速小型風車，而是搭配新開發的風車，即使在低風速範圍內也能發電。

重點BOX

- 以超導體纜線連接全世界的太陽能電池
- G-WISH就是全球風力與太陽能電池的網路
- WISH BOX可當作無電力村落和災區的電源

G-WISH系統

（全球風力＋太陽能混合系統）

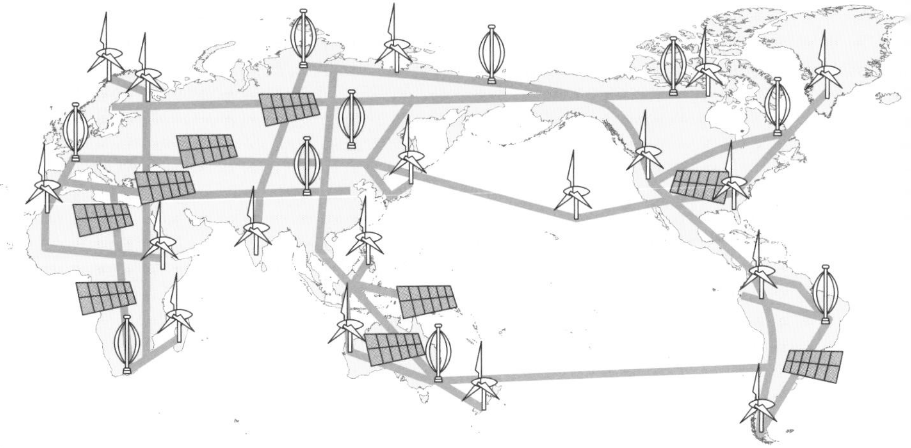

攜帶式WISH BOX的構成要素

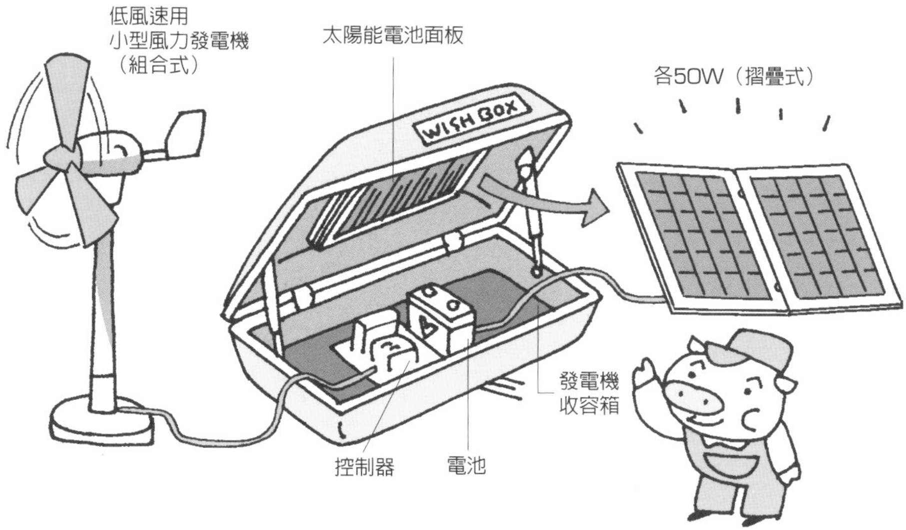

風力發電界的名人

有許多人在風力發電的世界中奮鬥，致力於研發與建設。由於人數太多，這裡就只介紹以下幾位名人。

首先是1891年首次將風力發電實用化的丹麥人保羅．拉克爾。接著是德國人亞伯特．貝茲，導出風車能從風中抽取的能量理論最大值。與這個理論相關的人，還有英國的蘭徹斯特，俄羅斯的朱可夫斯基。

1941年，美國人史密斯．帕特南（Smith Putnam）所領導的專案團隊，製造出世界第一座MW等級的風車。別忘了丹麥的約翰尼斯．尤爾（Johannes Juul），他結合了三葉片、迎風式、電動橫搖、失速控制葉片、感應發電機，達成系統連接實用化，奠定今日丹麥風力發電的基礎。

德國人歐路奇．哈特（Ulrich Hutter）用小面積的細長葉片設計出高葉尖速度比的風車，又用輕巧的GFRP（玻璃纖維強化樹脂）做葉片，並在葉片與輪轂連接的螺絲上纏繞玻璃纖維，奠定現代風車的基本製法。此人極為重要，雖然主要活躍於1960年代，但仍以元老身分出席1980年代的歐洲風力會議。

芬蘭的垂直軸風車研究者席格．沙伯紐斯（Sigurd J. Savonius）曾在1930年代開發了桶型轉子風車，而法國人大流士（Darrieus）同樣在1930年代提出扭曲葉片的怪異風車，兩人都很重要。他們在瑞士的Brown Boveri公司度過了大半的工程師生涯。

日本的優秀研究者本岡玉樹，1930至40年代都在滿洲的大陸科學院研發風力發電系統。

至於小型風力發電領域，就要說說量產風車的人們：活躍於1930年代的美國雅各布兄弟，活躍於1950年代的日本山田基博，創辦瑞士小型風車廠商Electro公司的蕭福爾柏格（Schaufelberger），比較近代的則有柏吉（Bergey）風車公司的卡爾柏吉和麥可柏吉父子。

第5章

如何建造風力發電機

43 風力發電機要建在哪裡？

需要有風吹、有公路、有電纜

目前全世界有十二萬座風車，其中一半建造在歐洲。歐洲人從中世紀開始就使用風車磨麵粉、汲水，已經有八百年以上的傳統了。丹麥、德國北部等地，地勢平坦，又吹著穩定的西風，還有強大的電力網路，可說是理想的風車設置點。

另一方面，最近日本也建造了1500座大型風車，建造地點大多是海岸，接下來是離海不遠的丘陵地。也就是說，風車要建造在整年都有強風的地方。光是「風強」還不夠，也需要能夠順利運輸巨大葉片及塔身的寬廣公路。而且附近如果沒有電纜可以輸送風力發電裝置所產生的電力，也是相當麻煩。所以要建造大型風力發電風車，必須「有風吹、有公路、有電纜」。

日本與歐洲相較之下，每年都會受到颱風、春天疾風等強風侵襲，而且國土的七成左右是山岳丘陵，地勢複雜；因此不僅風向混亂，道路也狹窄蜿蜒，很難運輸巨大的葉片與塔身。

至於北海道這種風強地廣的地區，則是因為缺乏電力網路，也沒辦法連接風力發電所產生的電力。此外，日本海岸地區的冬雷，是全球數一數二的強，這也是個大問題。可見日本有很多不利於風力發電設置的問題。

NEDO為了設計出能應付日本國內強風、亂流、雷擊等嚴苛自然環境的風車，花了三年討論制定出「日本型風車設計準則」，成為符合日本地形與氣候條件的風車設計新方針。

重點BOX

- 整年都有強風的海岸是優先選項
- 需要寬廣公路來運輸巨大葉片與塔身
- 附近要有能夠輸送發電電力的電纜

日本獨特的風力發電條件

運輸計畫（2MW等級）

塔身重量：43噸
拖車全長：28.0公尺
拖車全高：4.95公尺

塔（上段）
三段連結式圓柱體用拖車

塔身重量：54噸
塔身最大直徑：4.0公尺
拖車全高：5.49公尺

塔（下段）
拖板式圓柱體用拖車

機艙重量：85噸
拖車全長：18.57公尺
拖車全高：5.07公尺

機艙（發電機）
低底盤式拖車

葉片長度：39.0公尺
拖車全長：42.5公尺

葉片
拖板式圓柱體用拖車

44 組裝大型風車

大型吊車在工地大顯身手！

大型風力發電裝置，就是要在穩定精準的水泥基座上，建造鋼製的中空塔，塔頂放置含有發電機與加速機等零件的機艙，機艙的迎風面（有些例外的風車是背風面，參考第33項）裝上三片長長的葉片，讓它們隨風轉動。

大型風車高度超過100公尺，所以塔身、機艙、輪轂、葉片要分別在工廠中製作，運到建造場所，然後當場組裝完工。在運送塔身的時候，會依高度不同而先切成二至五段。但是葉片一旦切斷就會失去強度，所以要保持原本長度直接運到工地。像日本這種道路狹窄，崎嶇蜿蜒的國家，運送葉片將是個很大的問題。

工地的組裝程序，首先是把安裝葉片用的輪轂放在塔底下的地面上。然後以輪轂為中心，水平裝上三片葉片，成為Y字型。接著以大型吊車水平抬起整個轉子，途中再轉成垂直。輪轂被抬到定位之後，就可以連接到突出於機艙之外的旋轉軸上。

以上是一般的組裝方法。另外也可以一開始只組裝兩片葉片，做成V字型，用吊車裝上機艙之後，才在空中組裝第三片葉片。如果地面空間不足的話，還可以在空中一片一片將葉片裝到輪轂上。

如此一來就可以了解，當強風吹起，就無法以大型吊車將輪轂與葉片抬到空中。在冬季的強風季節中，組裝會比較費時。往後當離岸風力發電正式啟動，會需要在海上建築專用的大型吊車船，而且在風力較強的海上施工，必須比陸地施工更加謹慎。

重點BOX

- ●如何運輸塔身、機艙、葉片，值得研究
- ●在塔下將葉片裝到輪轂上，再以吊車抬起。必須小心強風

組裝大型風車

1

2
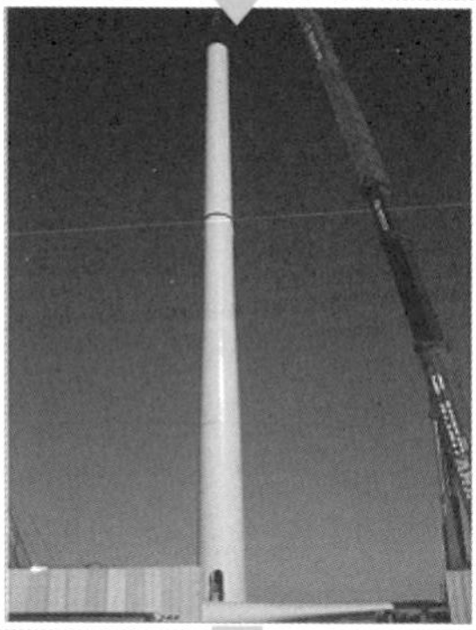

3

4

5

6

7

8

9

10

1 水泥製基座
2 設置塔身
3 在地面上組裝轉子
4 吊起機艙
5 吊起發電機等零件
6 完成機艙部分
7 吊起轉子
8 安裝轉子
9 完成
10 全景圖

照片提供：Wind Power茨城有限公司

45 風車建設程序為何？

調查、設計、手續、工程，然後運轉

在2009年當下，全世界大約有十三萬座大型風車，日本也有一千六百座。無論哪一種大型風車，建造程序大致都符合以下①～⑦項。

①**地點調查**：收集許多資訊、挑選適合地區，再調查附近的風況資料。當然也要調查附近的地理條件。

②**風況調查**：地形會影響風向，所以要在候選地點實際觀察一整年的風況。根據調查結果，來檢討在此建造風車的經濟性。進而判斷該地點是否值得建造風車。

③**基本設計**：這個階段，要挑選適合當地氣象的風車機型、調查運輸路線，與土地所有權者交涉，進行噪音、電波干擾、景觀、稀有鳥類等環境調查，預測發電量、評估經濟性，與電力公司進行事前協商、檢討資金調度來源等等，要做的事情可謂千頭萬緒。

④**實施設計**：進行測量調查、地質調查，設備設計、工程設計、工程計畫等等。

⑤**相關機構手續**：與電力公司做事前協商、取得核准手續、地方居民說明會、申請補助，與電力公司交涉遠端供電事宜，然後提出工程計畫。

⑥**建設工程**：終於要開始實際的基礎土木工程、風車設置工程、電力工程，然後試運轉。

⑦**開始運轉**：當然還要定期維修保養風車設備和電力設備。

無論是要建造一座風車，還是建造許多風車構成風力農場，都要經過一樣的手續。

當然，建造許多風車的風力農場，手續就能一次搞定，可謂方便。

重點BOX

- 調查風況與地理條件，檢討經濟性
- 基本設計包含挑選風車，調查運輸路線，調查環境影響，預測發電量

風力發電建設流程

1 地點調查

（1）挑選有希望的地區
（2）收集附近的風況資料
（3）調查地理條件（自然條件、人文條件）
（4）推測風車建設規模

2 風況調查

（1）觀測風況
（2）評估風況特性、能源獲取量
（3）大致檢討經濟性

3 基本設計

（1）決定風車設置地點
（2）設定風車規模（容量、數量、配置）
（3）選擇機型
（4）評估環境影響（噪音、電波干擾、景觀等）
（5）測量調查、土質調查
（6）檢討經濟性

有關機構手續
申請補助手續

4 實施設計

（1）設備設計　（2）工程設計　（3）工程計畫

補助對象

5 建設工程

（1）建設合約　（2）土木工程　（3）風車設置工程
（4）電力工程　（5）試運轉、檢查

申請核准業務

6 運轉、保養

（1）保養合約　（2）災害保險
（3）電力設備保養維修　（4）風車設備保養維修

出處：《NEDO風力發電建設指南》

進行風力發電事業的結構

想進行風力發電事業，必須達成以下各種條件。

· 有良好的風況。
· 確保風力發電設施用地。
· 取得風力發電設施的建造許可。
· 確保傳送發電電力的電纜。
· 建造適合風力發電的風力發電設備。
· 風力發電設施的運轉維護機制完善。
· 與地方及有關機構進行協調。
· 確保事業持續成立。

出處：NEDO《風力發電AtoZ》

46 風力農場的風車排列原則是？

讓風車彼此不會互相干擾

世界各地以大型風車進行的風力發電日趨發達，而且幾乎都是在風強而穩定的地方，規則排列大量三葉片螺旋槳型風車，建造所謂的「風力農場」（wind farm）。從字面上看確實就像採收風力的農場。不過，為了將風力有效轉換為機械能，風車之間必須適度保持距離。這是為了避免風車互相干擾，也就是不讓風車互相搶風。

那麼到底該做如何的排列呢？科學家藉由地形模型風洞實驗，電腦模擬，還有以往的使用經驗，找出了左頁上圖所示的參考排列方式。這種排列方式的規則，就是風車之間在風向上的距離為轉子直徑的七至十倍，垂直於風向的風車間距離則是轉子直徑的三倍。不僅是螺旋槳型風車，垂直軸的打蛋型風車也幾乎採用相同的排列方式。

為什麼要用這種排列方式呢？如下圖所示，因為風車的下風處風速較慢，會產生渦流影響的陰影區域。如果其他風車放在這個下風渦流區域內，當然無法有效抽取風能。這就叫做尾流交錯（wake cross）。

尾流（wake）就是船隻航行在海上所形成的白浪，以風來說，就是風車後面的氣流。風的尾流與水不同，肉眼看不見，但是速度一樣會減緩，並產生渦流或亂流。而且處在尾流中的風車，承受的風力負載並不均衡，風車葉片的疲勞度就會增加，可能還不到預估壽命二十年就損壞了。

重點BOX

●風力農場數量越來越多
●想要有效利用風能，風車排列方式也很重要

風力農場的風車排列方式

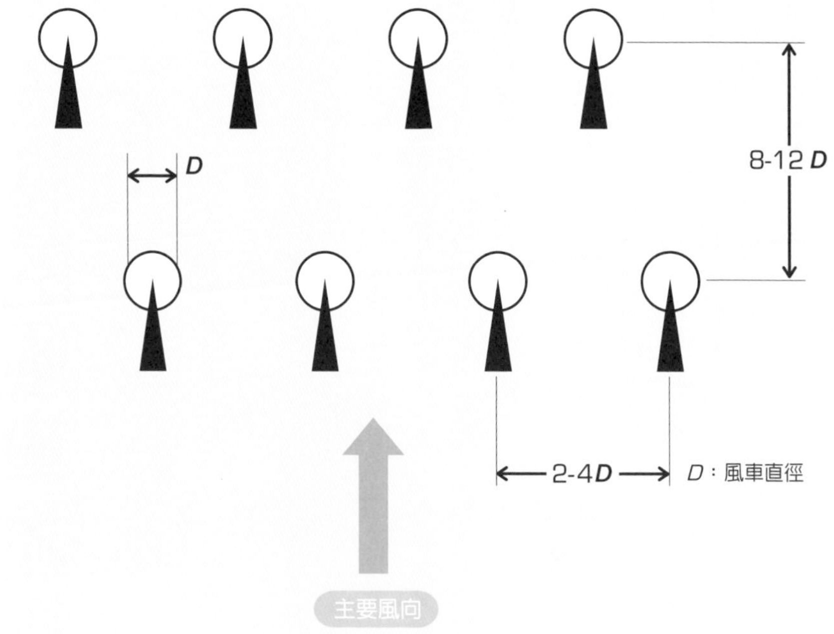

尾流交錯

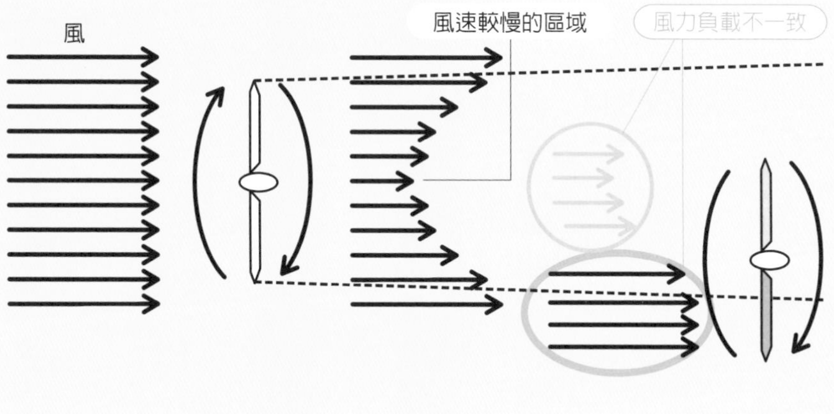

47 怎樣的風車才算好風車？

設備使用率與時間運轉率

風力發電的狀況，容易受到氣象條件所影響。日本位於季風帶，有冬季風強、夏季風弱的傾向，而且許多地區上午的風比下午要弱。

利用這種不安定的風進行風力發電，要如何判斷風車是否有發揮效用？作為參考的基準數字就是「設備使用率」（Capacity Factor）。這個數字的定義就是「一段時間內，風力發電裝置的實際發電量與最大發電量（額定輸出）的比例」。

一般來說，風力裝置都是比較年發電量，所以只要把一年內的發電量除以發電裝置額定輸出×8760小時（一年內的小時數），就是設備使用率。通常運轉時間都以年為單位，但有時候也會換成季節（例如春夏秋冬各三個月）、單月、單日等等。

一般來說，風力發電業者要規劃風力農場的時候，年設備使用率最少要有22％，達到25％以上才是理想事業的會計分歧點。我在左頁列了設備使用率的定義與具體計算範例。

另外，時間運轉率（Availablity）則是扣除風車保養維修及故障等停機時間，表示實際能夠運轉多長時間的數值。風力太弱無法啟動，或風力太強必須停機的時間也要排除。年運轉率的定義也如左頁所示。當然，運轉率高的風車，設備使用率也比較高。

至於世界知名的強風帶，例如臺灣的澎湖、阿根廷南部的巴塔哥尼亞，風車的設備使用率就超過40％。

重點BOX

- ●判斷風車是否發揮效用的標準是「設備使用率」
- ●設備使用率超過25％，是事業成立與否的分歧點
- ●實際運轉時間長度稱為「時間運轉率」

設備使用率的定義

年設備使用率：年實際發電量÷（發電能力/數量×365天×24小時）×100
1日設備使用率：當天實際發電量÷（發電能力/數量×1天×24小時）×100

在此，當額定輸出或發電能力為1500kW，年發電量為3,000,000kWh，則年設備使用率就是，

3,000,000÷（1500/1×365×24）×100=22.8%

運轉率的定義

年運轉率：年運轉時間÷（365天×24小時）×100

一般來說，運轉率高的風車，設備使用率也比較高。

對應年平均風速的實際年發電量範例

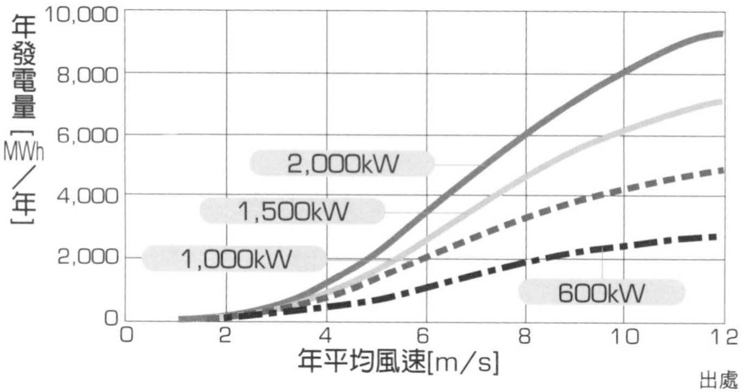

出處：NEDO資料

對應年平均風速的設備使用率範例

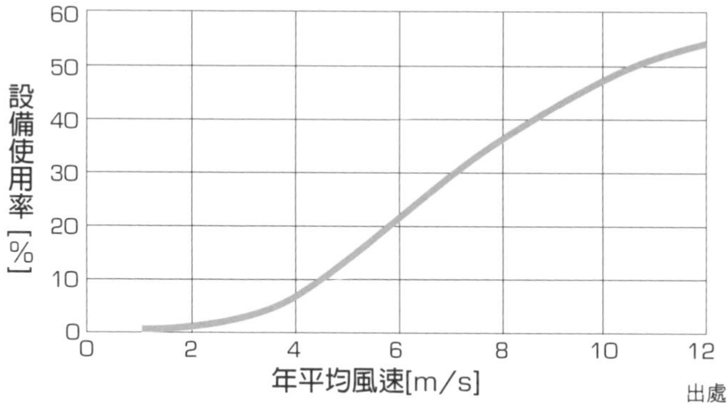

出處：NEDO資料

48 風車成本大約多少錢？

藉由大型化與量產效果來降低價格

在二十一世紀初期，人們還認為風力發電與太陽能電池是沒有經濟性的「新能源」，但是它們現在已經儼然是新式發電裝置之一。2008年新建造的發電設備中，歐盟有35%以上，美國有42%以上是風力發電。另外中國與印度快速建造風力發電，也是因為風力發電是廉價又實用的電源。

日本的風力發電，也屬於新能源中建設成本較低的類別，如左頁上圖所示，大型風力發電的標準建設成本大約是25萬日圓～30萬日圓／kW。我想往後大型風車的成本應該還會更低。

一般工業產品要降低成本，就是要靠大型化的尺寸優勢，以及大量生產的量產效果。但是風車大型化之後，包含建設在內的整體成本雖然較低，機械部分的成本卻反而提高。因為風車輸出與轉子受風面積（尺寸的平方）成正比，成本卻也與重量（體積計算，所以是尺寸的立方）成正比。所以要把額定輸出提高到兩倍，每kW的機器成本就要高出1.4倍。

為因應市場需要，風車將會逐漸大型化，因此需將葉片輕量化與提升精密控制技術，如此針對負重減輕做技術開發，才可以克服難題。往後隨著建造數量增加，風車價格也會因為大量生產而降低吧。日本國內只要通過固定價格購買風力的制度，內需市場也會更大。而且美國綠色新政策要在2030年達到20%電力為風力發電的遠大目標，日本若能對美國出口更多風車，成本也應該能夠降低。

另外，日本NEDO的風力發電進度表目標，則是2010年達到15萬日圓／kW，2020年達到12萬日圓／kW。

重點BOX

- ●風力發電的建造成本，是再生能源中最便宜的
- ●目前大型風力發電裝置的標準成本是25萬日圓～30萬日圓／kW。2020年的目標是12萬日圓／kW

各種新能源的發電成本

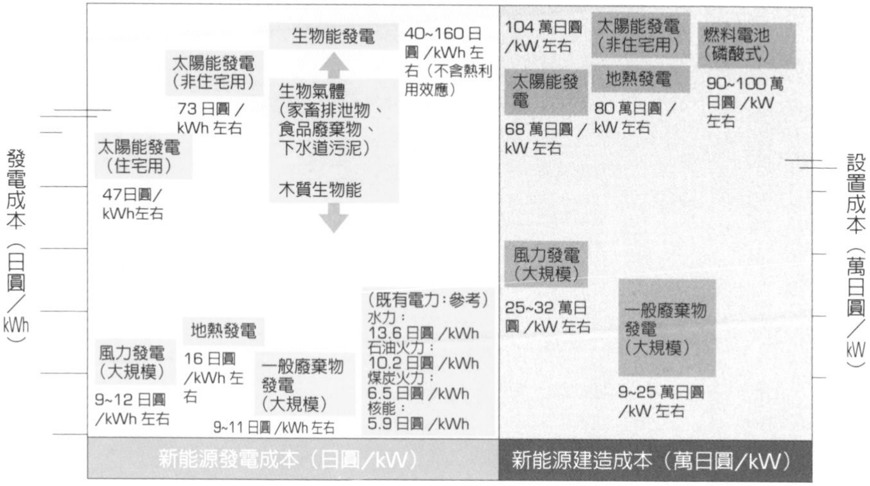

出處：《NEDO新能源指南》

風力渦輪機的成本結構範例

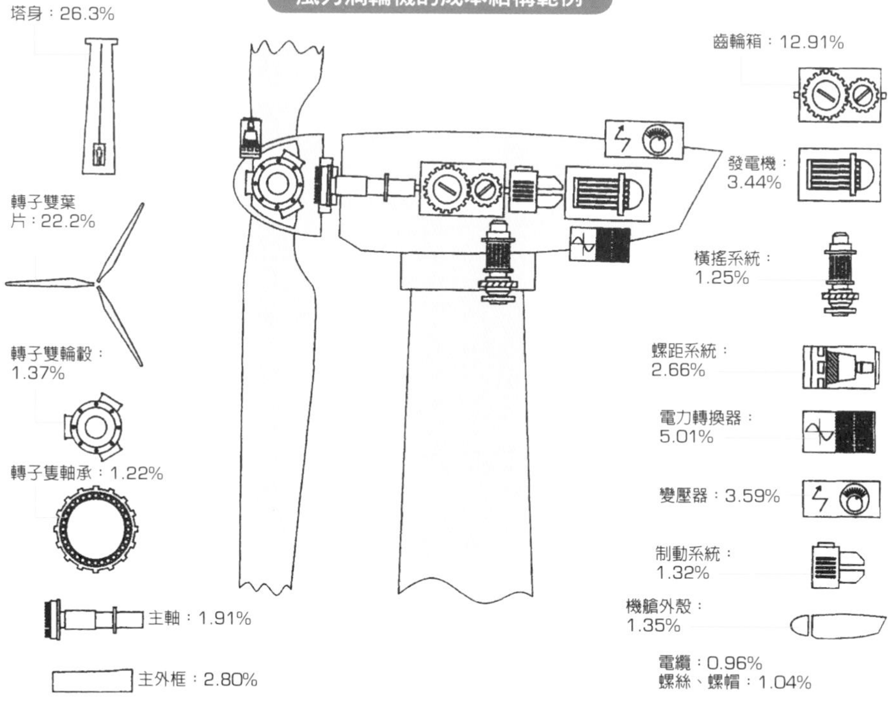

（根據 REPOWER MM92 葉片 45 公尺，塔高 100 公尺）

49 風車的發電成本如何？

風力發電是成本模範生

自從1973年的石油危機以來，全球就努力開發風力發電與太陽能電池，時至2009年，風力發電的成本已經降到太陽能的將近一半，完全成為一般電源了。

第1項引用美國知名環境學家雷斯特·布朗（Lester R. Brown）的研究，比較了各種發電系統的發電成本。從比較之中可以發現，風力發電只要選到風況優良的地方，就比煤炭火力或水力等先前發電系統更便宜，約與天然氣火力發電成本相同。也就是說，風力發電是成本模範生。另外，美國的核能發電必須考慮廢棄燃料處理費用，成本非常高。

左頁上圖係以風力為變數，表示日本風力發電的建設成本與發電成本關係。從圖中可以發現，平均風速越高，發電成本當然越低。在2008年9月的金融海嘯爆發之前，全球鋼價隨著景氣而飛漲，風力發電的建設成本也達到20萬日圓～25萬日圓／kW。這時候如果平均風速為6m／s，發電成本幾乎是8日圓／kWh；平均風速為7m／s，發電成本就是8日圓／kWh。

往後經濟越來越穩定，風力發電裝置也如第48項所說的更加大型化，更大量生產，技術也會更加提升，想必設備使用率就會更高。所以發電成本應該也會比現在更低。

下圖所示的NEDO風力發電時間表中，目標是2010年達到8日圓／kWh，2020年達到5日圓／kWh，2030年達到4日圓／kWh。而美國風況良好的風力農場，早在2008年就達到5日圓／kWh的發電成本了。

重點BOX

- 在風況良好的地點，風力發電比煤炭火力等更便宜
- 風速6m／s之下，發電成本約8日圓／kWh，2020年目標是5日圓／kWh

發電成本與建設成本範例

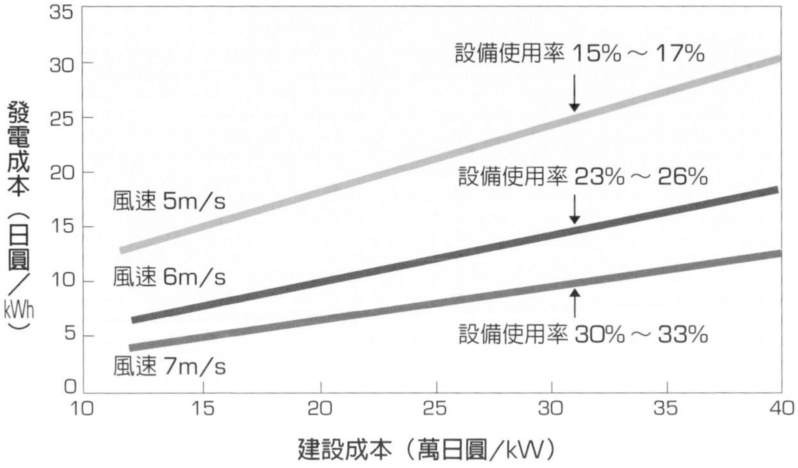

出處：《NEDO風力發電建造指南》

NEDO風力發電時間表中的未來發電成本

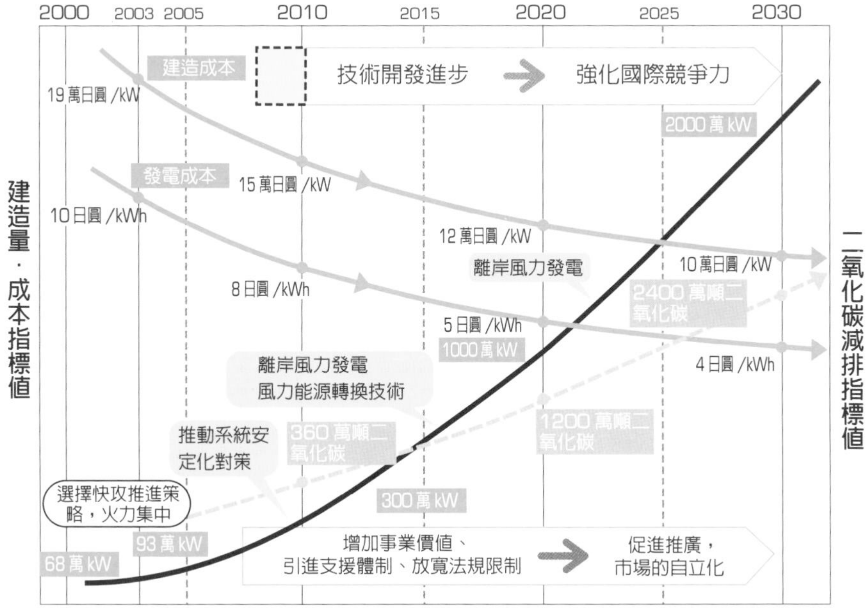

出處：NEDO資料

風車（windmill）與風力渦輪機（wind turbine）有何差別？

歐洲人以麥為主食，所以必須磨碎去殼。也因此需要磨碎用的臼，和去殼用的篩子。

風車的英文是「Windmill」，mill這個單字就是石磨、石臼的意思，所以以荷蘭風車為代表的古典風車就是用來推動石磨來磨麵粉，或是推動幫浦汲水，上下來回拉鋸子鋸木材，靠旋轉力量來攪拌，還可以用楔形器具來榨油。所以風車就是將機械能用在各種用途上的設備。

無論是荷蘭風車、丹麥風車還是英國風車，通常都是直徑10公尺以上的大型風車。不過也有直徑一兩公尺的可愛小風車，用來磨芥末醬。

另一方面，風力渦輪機（windturbine）則像是蒸氣渦輪機或天然氣渦輪機，以高速風車推動發電機，進行風力發電的設備。拉丁文中的turbine意思是旋轉的物體，沿用為渦輪。

一般將風力渦輪機直接叫做風車，也有人說成風車發電。不過似乎沒有人把古典風車稱為風力渦輪機。

另外第34、35項提過垂直軸風車與水平軸風車，其實古代歐洲書籍也有垂直風車與水平風車的分類法，不過與現在剛好相反。現在荷蘭風車屬於水平軸風車，但是它的旋轉面與地面垂直，所以早期被稱為垂直風車。

風車——
荷蘭語是Windmolen。
德文是Windmuehle。
法文是Moulin à Vent。
義大利文是Mulino a Vento。
丹麥語是VindMØller。
瑞典語是Vãderkvarn。挪威語是VindMØlle。
希臘語是ανεμόμυλος。
俄文是Вeрянaя Meльницa，也是風之石磨的意思；風力渦輪機則是BeрянaяTyрбинa。

中文叫做風車，大陸方面則使用簡體字「风车」。

第6章

風車時代已經來臨

50 日本可以建造幾座風車？

日本也能建造很多風車！

最近日本的大型風車越來越普及。日本雖然有很強的風，但是國土將近七成都是山岳丘陵，地形複雜，風向混亂，每年還有春疾風、秋颱風等強風侵襲。

那麼，日本到底可以建造多少風車呢？目前為止已經有許多團隊做過調查，但是每項調查的假設條件不同，結果也大相逕庭。本節介紹陸上風力的部分。

1993年NEDO做了日本第一份正式風況調查。調查內容挑選了年平均風速5m/s以上的地區，排除自然公園，並考慮土地利用、自然環境保留區、都市計畫等等，甚至還設定了適用風車的輸出、轉子直徑、風車排列方式等等。當時所假設的風車輸出較小，只有500kW。但是照這份研究來看，只要風車妥善排列，就能得到3500萬kW的總輸出。當時的全國風況圖如圖所示。

後來NEDO的風力發電時間表檢討委員會，發表了2010年達到300萬kW，2020年達到1000萬kW，2030年包含離岸風力達到2000萬kW的目標。這個數字相當於目前標準2MW等級風車一萬座。

在此前提下，由各風力發電事業所組成的日本風力發電協會，則擬定2020年760萬kW，2030年1180萬kW，2050年的陸上建造量為2500萬kW，比NEDO稍低一些（中圖）。另外，這時候風力發電所減少的二氧化碳排放量，以及增加的就業機會與產業規模也一併計算完成（下圖）。如果包含相關產業，數字會更大，可望在未來產業中佔有一席之地。

重點BOX

●NEDO的目標是2010年達到300萬kW，2020年達到1000萬kW，2030年包含離岸風力達到2000萬kW

全國風況圖

（出自NEDO）

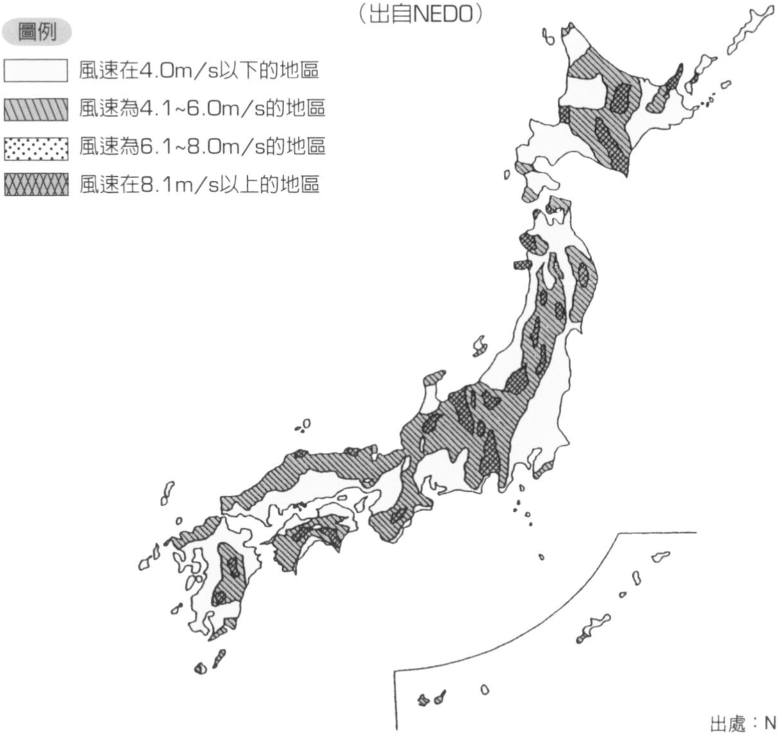

出處：NEDO資料

風力發電建造目標

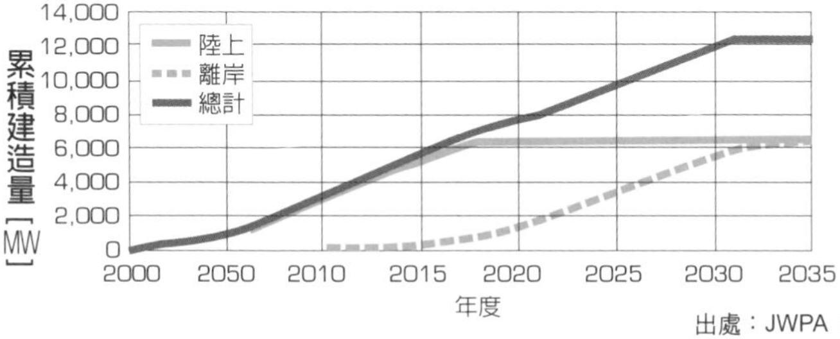

出處：JWPA 平成17年1月

就業與產業規模

	數量［座/年］	就業機會［人/年］	產業規模［億日圓/年］	二氧化碳減排量［百萬噸/年］
2010年（300萬kW）	293	2900	1130	1987
2020年（760萬kW）	268	5060	1700	5488
2030年（1180萬kW）	469	7700	2480	9622

出處：JWPA 平成17年1月

51

城鎮規模的風力發電

將風災轉變為資源，以風力發電振興鄉鎮

一直以來，日本各地都有辦過發揮當地特色的「鄉鎮．村落振興」活動。本節介紹一個長期為風所苦的城鎮，如何脫胎換骨的故事。

山形縣立川町（現為庄內町），位於連接太平洋與日本海的風道上，長久以來一直與日本三大惡風之一的「清川出風」艱苦奮戰。從夏初到秋季，每四天就要吹一次風速超過10m／s的強風，春天剛發的幼苗被吹倒，秋天收成的稻穀也被吹得東倒西歪。

1980年，當地公所企劃課提出了風力計畫，以風力發電進行溫室栽培，但是輸出1kW的山田風車，脆弱的木製葉片很快地就被「清川出風」給吹斷了。翌年，中央政府的科學技術廳將該地選為風力發電模範地區，使用住友精密工業所製造的5kW新型風車發動加熱器，給豬舍的小豬吹暖氣，但是這種風車最後也被風雪給整個吹飛。

後來到了1988年，出現了第三次機會「故鄉重生1億日圓」計畫。當地成立了風車村推廣委員會，從外界延攬風車專家加入，包括三重大學的清水教授、前田助教授，以及足利工業大學的筆者本人。首先經過正確的風況測量，得知本地年平均風速為7m／s。

以往日本的小型風車，都將發電電力先儲存在電池中再使用，然而這次要用的是美國US Wind power公司生產的系統連結用100kW風車。日本之前從未進行過風力發電的系統連結，所以當時的通產省口徑一致認為「沒有先例就不能做」。但是立川町最後首開先例，不是以風力發電業者身分，而是以一個地方政府的身分，有能力產生多餘電力賣給電力公司。立川町的風力發電廠能夠把風力發電成本壓到9～12日圓／kWh，屬於實用範圍內，因而成為日本的風力發電成功先例。

重點BOX

- 山形縣立川町曾經因為風速超過10m／s的局部風「清川出風」而困擾不已
- 日本首次成功以100kW風車完成系統連結

立川町的風況

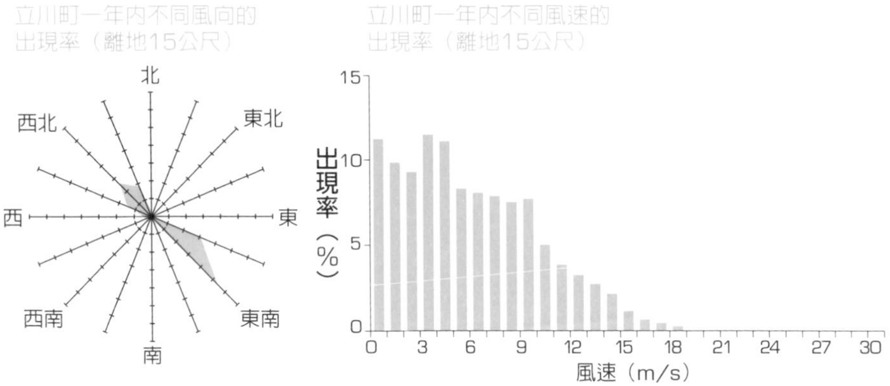

日本第一次完成風車系統連結

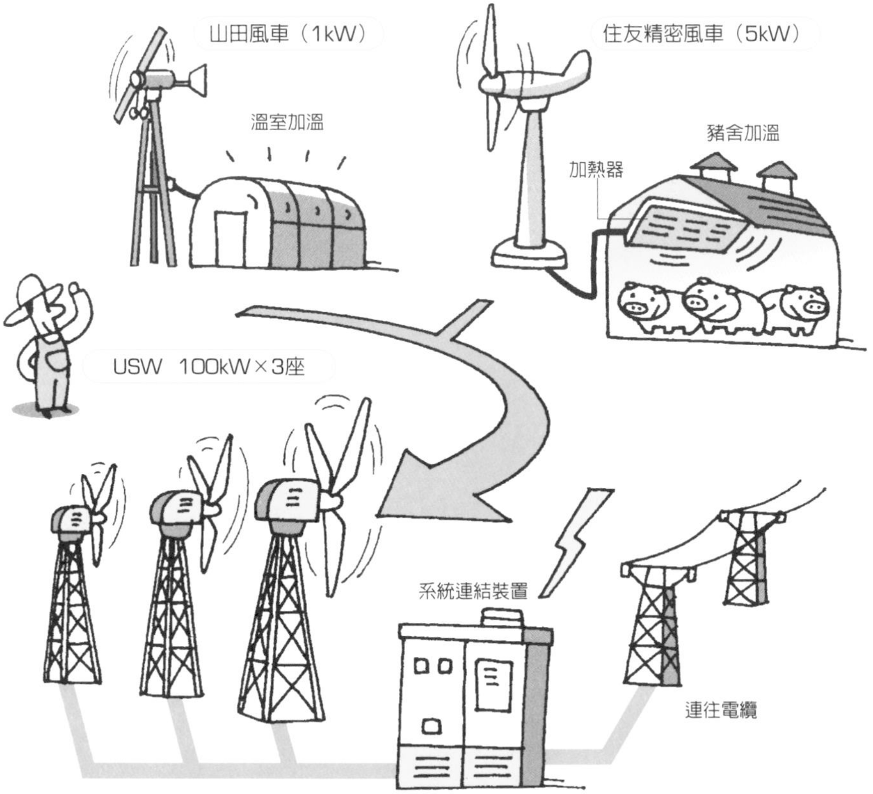

52 風力發電的電力收購制度

日本也該實現收購制度

日本的風力發電逐漸盛行，在2009年的時間點，已經建造190萬kW（約1600座大型風車），並將電力賣給電力公司。但是最近在風況良好、風車建設地點多的北海道和東北地方，電力公司卻以「夜間電力過多，無力吸收輸出變動」為由，打算限制風力發電的電力收購。這一節我們來探討一下世界風力發電冠軍丹麥，以及日本之間對風力發電的態度差別。

丹麥的國家政策，是積極推動風力發電等再生能源建設。所以電力公司有義務收購領有合格建照的風力發電裝置所產生的電力。這就是法定的「收購義務」。而且除了風力發電電力收購制度之外，還實施了長達十七年的「固定價格賣電制度」，規定風力發電產生的電力販賣價格保持不變，才能夠與市場價格競爭。

於是民間投資者對風力發電的疑慮減少，又加上政府制定「發電保障保險制度」，讓風力發電的銀行融資更容易通過。德國與西班牙的做法也幾乎相同，而其他歐盟國家也漸漸開始效法德國與丹麥的電力收購制度（FIT，Feed-in Tariff，政府電力收購制度）。

最近日本開始有市民共同集資建造的市民風車，但是對丹麥人來說，市民共建共享的風力發電廠早已是稀鬆平常的事。投資風力發電，不僅是因為環保意識抬頭，投資帶來的收入與節稅效益也是很大的動機。結果丹麥的風車產業蒸蒸日上，創造了兩萬五千個以上的工作機會。丹麥的風力發電投資，就是沒有輸家的全贏局面。

重點BOX

- ●丹麥制定了風力電力的「收購義務」
- ●並且制定「固定價格賣電制度」，讓風力發電的販賣價格能與市場價格競爭

丹麥的風力普及與成本降低

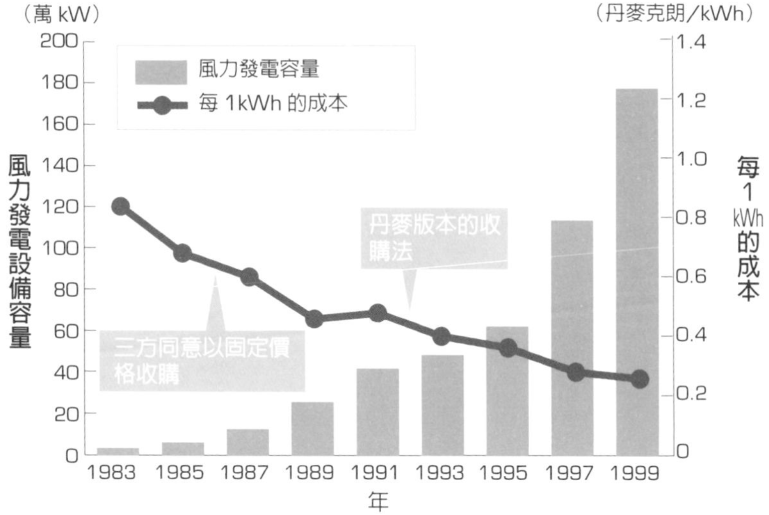

德國的再生能源建設政策

再生能源收購義務（EFL）

規範大型資本投入風力發電事業

國家援助國民集資建造風力發電

將自然能源發電的收購金額提高

包含銀行融資的風力事業創業配套措施

當地居民集資建造的風車，利益回饋給當地居民

- 保障20年内以一般電力兩倍的價格，收購風力發電的電力
- 風力發電設置者，將所生產的電力全數賣給電力公司
- 為了高價收購風力與太陽能發電，除了政府補助之外，也轉嫁到一般使用者的電價上
- 風力與太陽能計畫成為投資對象（年利潤8%～10%）

53 風力發電能減排多少二氧化碳？

風力的二氧化碳排放量是火力的1／30

世界開始真正投入風力發電與太陽能發電研發，是1973年第一次石油危機之後的事情。當時人類注意到石油並非無限，於是想要開發「石油替代能源」（Alternative energy）。進入1990年代之後，地球環境問題越來越嚴重，而自然能源的二氧化碳排放量極少，所以開始有了以自然能源對抗溫室效應的觀念。從這時候開始，自然能源被稱為「再生能源」（Renewable energy）。

從左頁上圖可得知，中小型水力、風力、太陽能等能源的二氧化碳排放量極少。或許有人認為再生能源不需要燃燒燃料，所以不會排放二氧化碳。但事實是發電過程仍然包含LCA（Life cycle assessment，生命週期評估），也就是原料挖掘、裝置建造、廢棄、燃料運輸等等。所以製造、設置風力發電裝置還是會產生少量的二氧化碳。

至於核能發電本身雖然不會產生二氧化碳，但是哈薩克等產鈾國挖掘鈾礦，提煉核能反應爐所需的鈾粒燃料，再從海外運送到日本，使用過的燃料還要長期冷卻，再做超長期保存，這些過程產生的二氧化碳都不能忽略。核能發電這部分的附加值非常大，要多加注意。

所以從LCA觀點來看，風力發電的二氧化碳排放量極少，是對環境貢獻極大的實用能源。

下圖表示裝置製造所需能量與裝置產生能量的比值EPR，從比較圖來看也不難發現風力表現相當優秀。

重點BOX

- 從石油替代能源進步為防止地球暖化的王牌
- 風力等再生能源的二氧化碳排放量低，從LCA觀點來看也是個模範生

不同發電系統的二氧化碳排放量

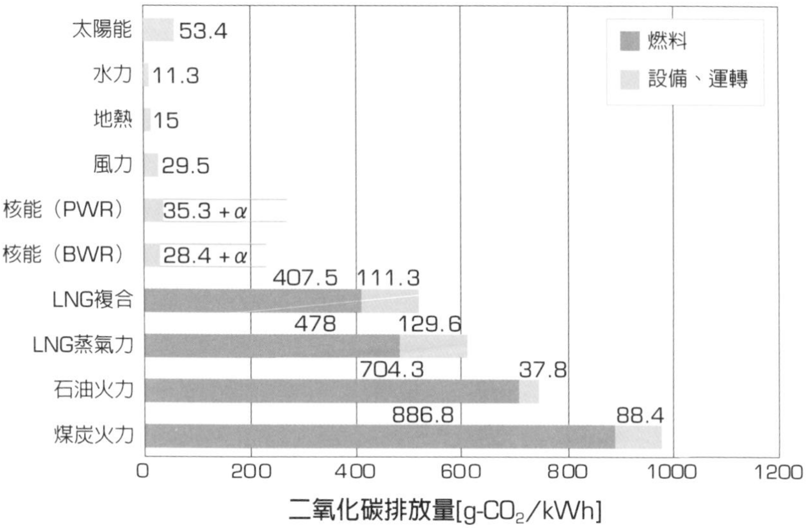

出處：電力中央研究所資料

各種發電系統的EPR評價

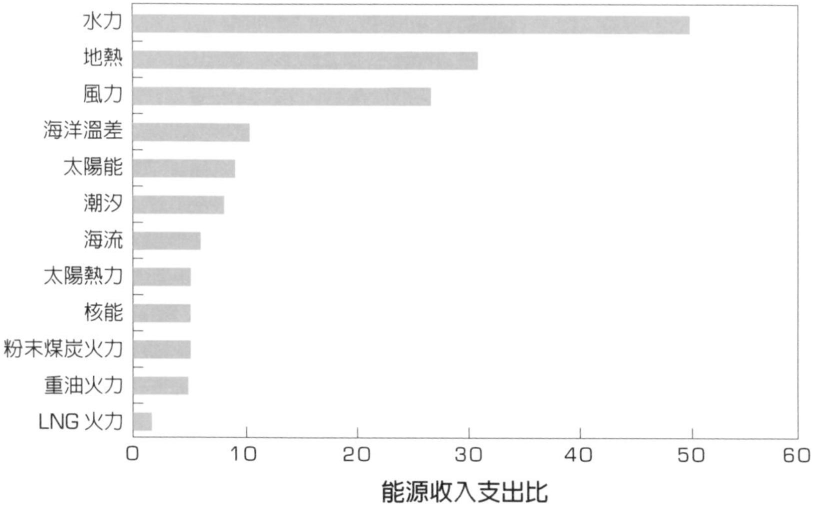

出處：牛山泉《能源工學與社會》（1999）pp.20-22，（財團法人）空中大學教育振興會

54 風車是否會影響景觀？

打造具觀光價值的風車

將大型風力發電機設置在自然環境中，每個人都有不同的觀點，有人覺得好看，有人覺得礙眼。而且不只是風車而已，一樣東西是否妨礙景觀，取決於各種社會因素以及個人主觀，不是輕易能夠決定的事情。每個人對技術的理解程度，對能源的需求程度，以及對風車的了解程度都有影響。

一般的發電裝置，無論是蒸氣渦輪、水力渦輪還是天然氣渦輪，都是葉片在機殼中旋轉，從外面看不到葉片旋轉的樣子。但是風車用肉眼就能看到旋轉狀態，自然比較受人注目。活動物體的宣傳效果比靜止物體要大上幾十倍。

從之前經驗來看，大多數人對風力發電話題都抱持好感。而且根據風力農場建設前與運轉後的問卷調查來看，一旦開始運轉，國內外的居民大多都會從反對轉為支持。

至於國家公園，礙於法令限制，當然不能建造風車。地方政府也可能制定各自的景觀條例，保護當地景觀。從遠方看來，風車塔與葉片是白色的，但是近看會發現其實是有點藍的淺灰色。這是為了讓風車融入天空的顏色中，讓它們不至於太過顯眼。

另一方面，也有人極力嘗試讓風車融入自然環境中。例如下圖是德國牧場中所建造的風車，塔的下半部漆成與牧場相同的綠色，往上慢慢漸層變淺，形成一種與環境共存的配色。

重點BOX
●除了風車之外的動力源，全都在機殼中旋轉
●景觀問題包含社會要素與個人主觀

除了風車之外，所有發電機的葉片都在機殼中旋轉

火力發電與核能發電

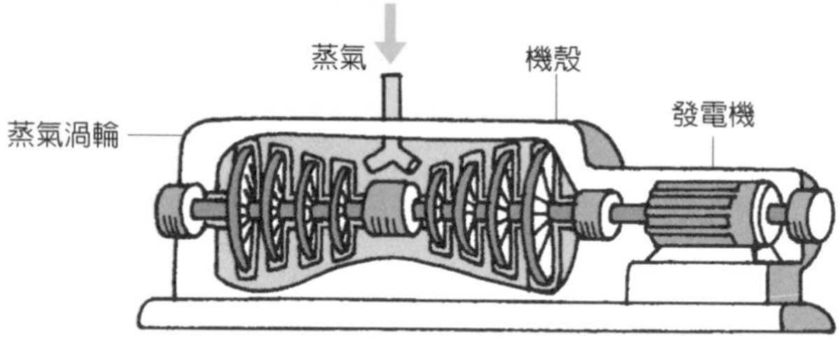

水力發電

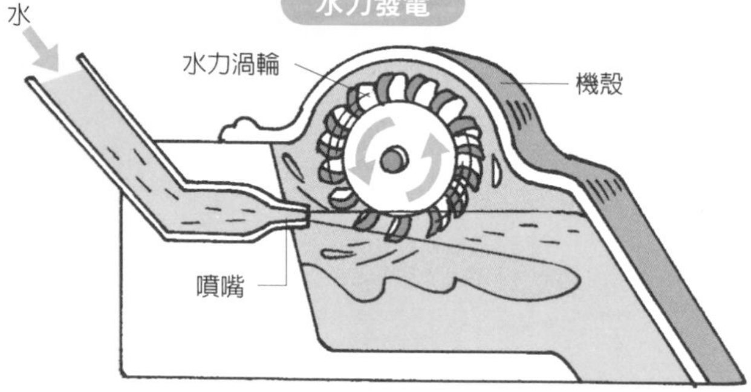

除了風力發電以外，無論是火力發電、核能發電或水力發電，發電裝置都在機殼內運轉。只有風力發電暴露於自然環境中，而且尺寸逐年加大。

德國的環境共存型風車塔

提供：德國ENERCON公司

55 風力發電對產業和就業有幫助嗎？

風車產業是促進就業的救星

大型風車是一種超大旋轉機械，包含了巨大的葉片（GFRP：玻璃纖維強化樹脂），安裝巨大葉片的輪轂（鑄造），需要精密加工的主軸（鍛造）、加速機（齒輪）、大型軸承，還有高科技的發電機、電力轉換裝置、控制裝置，還有油壓裝置、電動馬達、制動器等，機械零件與電子零件數量超過一萬件。一般汽車大約由三萬個小零件所構成，大型風車的零件數量雖然比汽車少，但是每個零件的附加價值都很高，可說是能夠發揮日本工業技術的產品。

大型風車與汽車一樣，都是由量產組裝產品，製造風車需要許多勞工與許多零件產業的支援。太陽能電池也是再生能源發電裝置，可以用自動化工程生產，但是風車不行，所以風車可以大為提升零件產業的規模與就業機會。

假設一年要生產五百座2MW等級的大型風車（1GW），機艙工廠就要有八百名員工，如果再加上設計之類的銜接作業，風車廠商就需要一千名員工。要是再加入葉片、加速機、發電機、軸承等零件製造員工，就業機會將是十到十五倍之多。

在2009年，全球風力發電產業相關勞工約有四十四萬人。也就是風車每年生產1MW，就創造出十五個就業機會。無怪乎各國政府期望風力產業能夠創造就業機會，因而大力推動。

日本風車製造建設業，目前僅佔全球市場的1～3%左右，不值一提，但是大型軸承、發電機、電源系統等零件產業則佔了10～50%之多。可見風力發電對日本產業與就業也有極大的吸引力。

重點BOX

- ●大型風車約由一萬個零件所構成，相關產業眾多
- ●目前全球風力發電產業約有四十四萬名員工

風車生產與相關就業人數

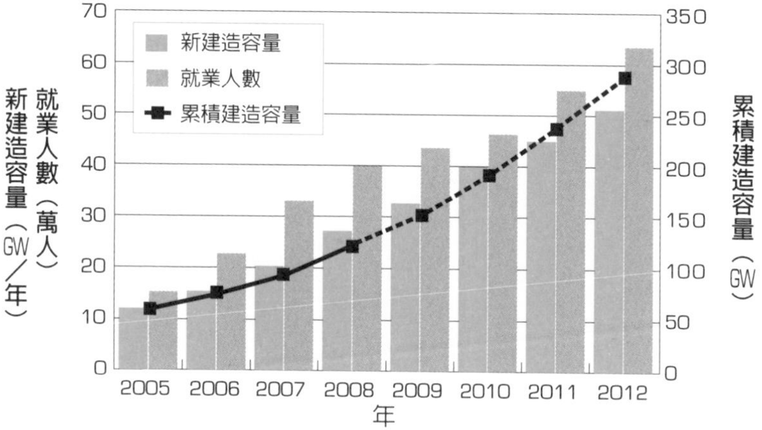

風力發電裝置與主要日本廠商

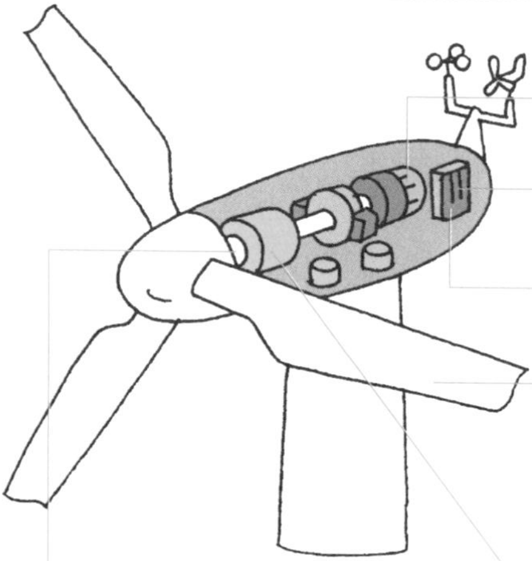

發電機：日立、三菱電機、東芝、明電舍、Sinfonia Technology（前 神鋼電機）

變壓器：富士電機、利昌工業

電子機器：日立、三菱電機、東芝、富士電機、安川電機、明電舍、Fujikura

葉片：日本製鋼所、GH Craft（Kuraray）

FRP：日本U-Pica、昭和高分子、大日本Ink（DIC）、日本冷熱、旭玻璃、日本電氣玻璃、Toray（三菱Rayon、東邦Tenax、Kuraray）

軸承：JTEKT（前 光洋精工）、日本精工、NTN、KOMATSU、日本Roballo

加速機（齒輪）：石橋製作所、大阪製鎖（住友重機械）、KOMATSU

油壓機器：KAWASAKI Precision Machinary（川崎重工）、日本Moog

鋼鐵、鑄造：日本製鋼所、日本鑄造

機械裝置：Nabtesco、住友重機械、豐興工業、曙制動器

小型風車廠商：Zephyr、那須電機鐵工、F Tech、NIKKO、中西金屬工業、MECARO、菊川工業、GH Craft、前川製作所、豐瑛電研、Sinfonia Technology

大型風車廠商：三菱重工、富士重工、日本製鋼所、駒井鐵工

56 追求風力發電社會的諸多國家

以風力發電供應全世界12%的電力

第9項說過，全世界最早將風力發電實用化的國家是丹麥。丹麥在第一次和第二次世界大戰中，石油及能源供應都受到鄰國德國限制，所以要靠風力發電來撐過困境。第二次大戰之後全球能源匱乏，丹麥領先世界進行風力發電系統連結，奠定了現在風力發電的基礎。

1973年石油危機發生時，丹麥也首先投入風力發電，培育出大型產業，使丹麥出口的風車產值僅次於酪農製品。在全盛時期，世界上有60%以上的風力發電機都來自丹麥。

2005年之後，丹麥國內有18%的電力來自風力發電，成為風力發電王國。後來德國決定在2020年之前暫停興建核能發電，積極建造以風力為主的再生能源設備，所以德國的建造速度快速提高。接下來就是西班牙。丹麥、德國、西班牙這三國的共同點，就是國家為了建造風力發電而推動電力收購制度（FIT、Feed-in Tariff），在十五至十七年之間，企業有義務以固定的高價收購再生能源發電電力。

到了2008年，美國超越德國，成為世界第一的風力發電建造國。另一方面，風力發電佔整個國家電力供應的比例（系統灌輸率）也很重要。如下圖所示，目前只有丹麥、西班牙、葡萄牙、德國、愛爾蘭等五個國家的系統灌輸率在5%以上。美國的建造量雖然領先全球，但是電力需求也大，所以系統灌輸率只比1%多一些。不過美國卻有著很大的目標，要在2030年達到20%。日本的建造量排名世界第十三，而灌輸率0.24%左右，排名世界第二十七。

重點BOX

- 丹麥是全世界最早將風力發電實用化的國家，該國國內18%的電力由風力發電供應
- 美國在2008年成為世界建造量最高的國家

風力發電的未來目標

Wind Force 12（EWEA）

到2020年，全球12%的電力將以風力發電供應。

- 風車數量：907,000座
- 風車規模：1,261,157MW
- 風車發電量：3,093TWh/年
- 建造成本：$447/kW
- 發電成本：2.11¢/kWh

全球風力資源量：53,000TWh

美國歐巴馬總統的綠色新政策

到2030年，全美國電力將有20%由風力發電供應

各國風力發電的系統灌輸率（2007年推算）

· 第一個瓶頸是5%左右。（輸出變動的影響開始浮現？）
· 極限大概是20%左右。
→這是各國風力市場的上限。
歐洲主要國家已經預測了國內市場規模。
美國和中國還有很大的發展空間。

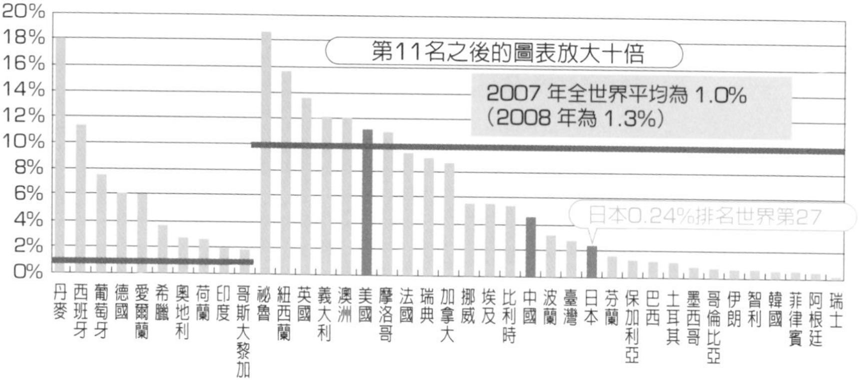

出處：由GWEC2007年快報推算

57 開發中國家的風力發電

世界上有二十億人過著沒有電的生活

２０１０年的現在，全球人口已經達到六十五億人，但是從統計資料來看，供應中的石油、煤炭、天然氣等能源總量卻只夠供應四十億人口。也就是說開發中國家的二十五億人口，靠著統計資料上沒有的乾草、家畜排泄物等能源在生活。當然不會有電可用。

二十一世紀是全球化時代，大家都知道地球暖化、能源危機、糧食缺乏等問題，但是最嚴重的其實就是人口問題。

１９４５年地球上只有二十三億人，到了２０１０年就增加到六十五億人。其實這種速度不應該叫做增加，應該叫做暴增。然而糧食與能源並沒有因為人口暴增而快速增產。所以有一餐沒一餐的糧食難民，以及每天都要撿木柴、乾草、糞便，無電可用的能源難民，數量就達日本總人口的二十倍之多。

這時候風力發電就能派上用場了。進入二十一世紀之後，中國與印度的風力發電數量急起直追。風力發電不像火力發電或核能發電，不需要好幾年的準備時間，只要這個地方有風，一年之內就能輕鬆完成發電設備。而且又不需要昂貴的燃料，正好適合長期缺乏電力的開發中國家。

只要持續進行無電村落的電氣化，就能推廣教育，進而抑制人口爆發。日本應該負起先進國家的使命，使用風力發電、太陽能電池、小規模水力發電，協助開發中國家設置電源。風力發電不僅可以解決環保問題，是解決高低緯度之間的差異，以及人口暴增問題的關鍵。

重點BOX

- 風力發電適合長期缺乏電力的開發中國家
- 搭配太陽能電池，或是使用小規模水力發電也很有效

蒙古包與小型風車

提供：足利工業大學綜合研究所

世界人口增加與能源需求

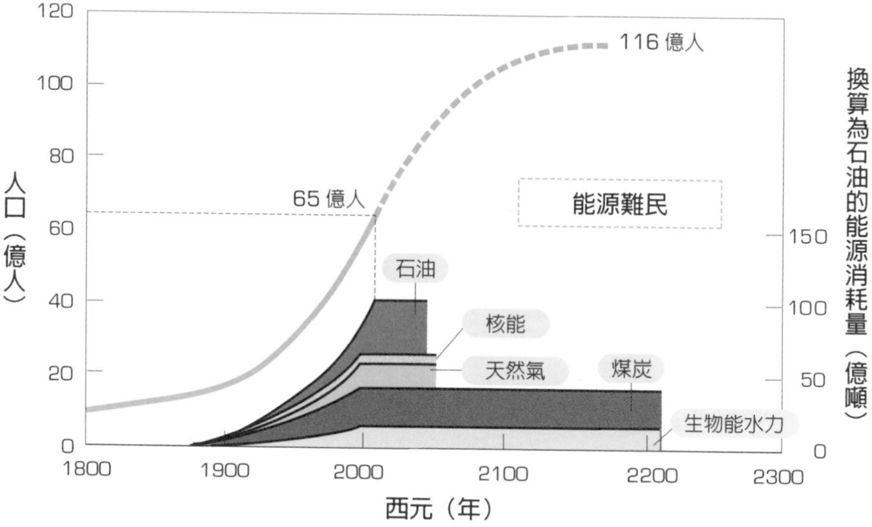

58 終於陸，始於海

風車在海上排列

歐洲大陸最西端的巨岩角（Cabo da Roca），有一座歌頌達伽馬開闢印度航線的石碑，上面寫著「陸在此盡，海由此起」。以往風力發電都是在陸地上建造大型風車的風力農場來供應電力，但是風力發電發達的丹麥和德國，已經快要沒有土地可以設置大型風車了。

尤其是丹麥，目前已經沒有土地可以設置新的風力發電設施。所以往後要到海上求發展。海上每單位輸出的建設成本，是陸地的一．五到二倍，但是風速高，風力穩定，幾年內就能回收成本。而且海上幾乎沒有陸地上的噪音或景觀問題。另外，北海和波羅的海的水深較淺，只有10到30公尺，海底的地質也大多是堅固的岩盤，很適合把風車基座建在海底（觸底式）的離岸風力發電。

要在陸地上建造大型風車時，尺寸會因為運輸問題而受限，但是在海上就可以更加大型化，所以目前正在開發轉子直徑超過120公尺的5000kW等級超大型風車。

丹麥的離岸風力發電與陸上風力發電都一樣先進，但是目前離岸風力發電的龍頭，是四面環海的英國。至於歐盟各國也開始推動超級電力網計畫（第61項），在北海上展開大規模離岸風力發電，並且以海底電纜連接英國、德國、北歐各國，追求全歐盟供電系統的安定化。

十六世紀初期的「陸在此盡，海由此起」是宣告大航海時代開始的號角，到了二十一世紀，則代表風力發電將「終於陸，始於海」。

重點BOX

- 丹麥和德國已經快要沒有土地可以設置大型風車了
- 二十一世紀要往海上尋找風車建造地

離岸風力發電的優點與發展性

- 海上風速較高，風力穩定，可以得到更大的發電量
- 風車可以更加大型化
- 噪音與景觀等環境影響更小

	現狀	未來
尺寸	高度100公尺，轉子直徑100公尺	高度150公尺，轉子直徑150公尺
輸出	3MW	5～10MW
水深	5～20公尺	10～50公尺
葉尖速度	60～80m/s	80～120m/s
材料	依強度決定	依LCA決定
供電	交流（AC）	高壓直流（HVDC）
電力網	一般電力網	離島用，多國連結

丹麥灣的米德爾格倫登（Middelgrunden）海上風車群

59 海上風力發電，努力終獲成果！

北海是風力發電之海

進入二十一世紀以來，離岸風力發電從歐洲開始成長茁壯，但是它的歷史卻意外地長。1920年代，德國人H·Honnef 提出了直徑160公尺，高度400公尺的巨大發電裝置，並且於1930年代又提出浮體式離岸風力發電的風車概念。

後來碰上石油危機，全世界都在尋找石油替代能源，美國麻塞諸塞州立大學的Heronimous 教授便提出了兩種離岸風力發電系統，一種是三座2000kW風車一組，另一種是三十四座100kW風車一組。

到了1990年代，丹麥的Visby設置了全球第一座離岸風力發電裝置；2002年丹麥又在北海的Horn Rev，設置了八十座2MW風車所構成的正式離岸風力發電。到了2008年底，全球的離岸風力發電共有六百五十座風車，設備容量達到1520MW，往後應該會以德國與英國為主而持續增加。

日本四面環海，排他性經濟海域的面積排名世界第六，是海洋之國。NEDO時間表在2030年的離岸風力發電建造目標是1300萬kW，但是日本的離岸風力發電開發進度，比歐美各國落後很多。以往經濟產業省與環境省雖然委託多個單位進行各項調查，但是正式開發時間是2010年，並且要由觀察海上風況開始。

另一方面，日本民間企業在2009年已經自行集資在茨城縣神栖町的海上，設置了七座2000kW風車。日本近海與北海不同，缺乏寬而淺的海域，只要離岸邊稍遠，水深立刻加深。所以一開始雖然採用觸底式，但是往後應該會採用浮體式離岸風力發電。

重點BOX
- ●1920年代就已經有離岸風力發電構想
- ●1990年代之後，才開始開發正式的離岸風力發電

1970年代Heronimous教授的浮體風力構想

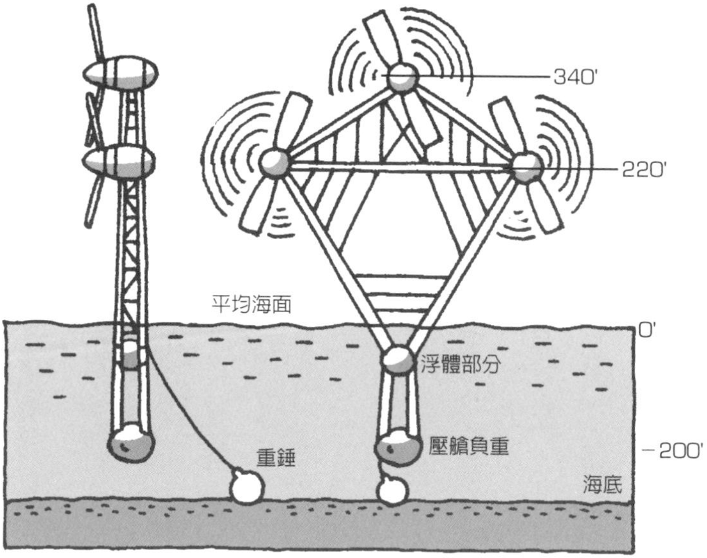

二十一世紀開始茁壯的離岸風力發電

丹麥的Horn Rev風力農場　提供：Vestas公司

60 巴塔哥尼亞將是二十一世紀的科威特

在強風不斷的巴塔哥尼亞發展風力、水電解氫

南美洲阿根廷南部的巴塔哥尼亞，正在推動一個遠大的理想，那就是建造大規模風力發電，用電力電解水製造氫氣，然後輸出到全世界。巴塔哥尼亞的潛在風力非常龐大，據說用這裡的風力來發電，可以製造日本總電力十倍以上的電量。日本氫能源協會（HESS）會長，橫濱國立大學太田健一郎，正率領團隊要讓美夢成真。

南美洲大陸南部，阿根廷的巴塔哥尼亞地區，是一片吹著強烈西風的廣大荒野，又被稱為「風之大地」。這個構想，源自於2004年在橫濱舉辦的世界氫能源會議。阿根廷氫能源協會的與會代表，發表了在巴塔哥尼亞用風力製造氫的構想，結果大家熱烈討論，HESS於2005年3月進行事業調查，NEDO也在2006年1月進行事業調查。

而這裡所面對的問題是年平均風速在10m／s以上，而且經常會發生25m／s以上的強風，一開始設置的風車都能達到40％以上的設備使用率令人驚艷；然而運轉速度太快，數年之後機器就會耗損，運轉率也急遽降低。臺灣強風區澎湖島上的風力農場，也有相同的問題。

不過這時候正需要日本型風車所培育的技術。根據三菱重工總工程師勝呂幸男的推算，如果在這個地區的一半面積內設置3MW風車，需要設置七十八萬座，年輸出達到10兆kWh，大概就是日本電力需求的十倍。用這些電力電解水製造氫氣，就可以透過既有的天然氣管線，送到布宜諾斯艾利斯進行供應。

總有一天，這裡要對日本、歐美、中國等國家輸出氫氣。巴塔哥尼亞將是二十一世紀的科威特。

重點BOX

- 南美強風地帶巴塔哥尼亞高原可以建造大規模風力發電，卻沒有電力系統
- 理想是電解水製造氫氣，輸出至世界各國

阿根廷丘布特省（Chubut）的驚人風車運轉績效

（Micon 250kW×2座）

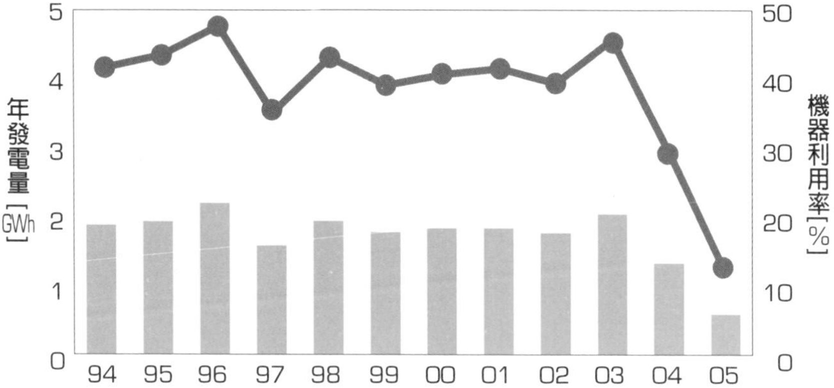

風力電解水製氫／運輸系統

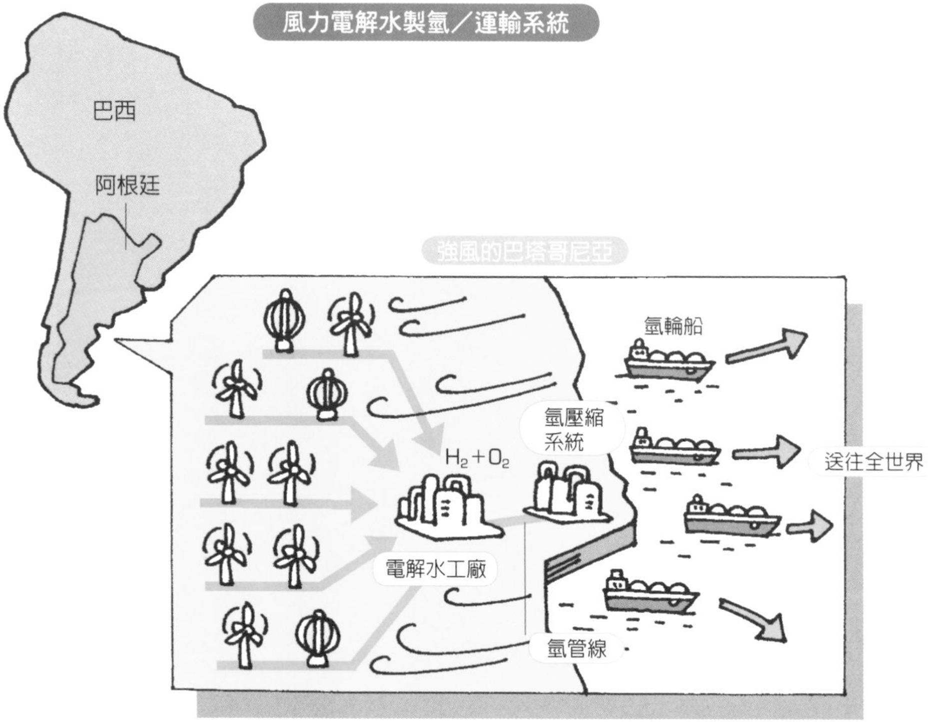

61

以風力發電供給總電力的20％

占總電源的比例

進入二十一世紀之後，全球各國的風力發電建造量快速增加，2008年底累積已經達到121GW。雖然這數量只占發電設備總容量的3％左右，但是每年成長率超過20％，五年就增加了三倍之多。尤其是歐美國家的新建造電源設備，有40％以上是風力發電設備。美國不斷建造由數百座風車構成的風力農場，2008年才開始投入運轉的容量就有8.4GW（約五千座）之多。

研究各國風力發電占發電設備容量與發電量的比例，可以發現目前全球電力只有1.3％是由風力發電供應。但是如圖所示，丹麥、西班牙、德國、葡萄牙、愛爾蘭等五個國家的風力發電，已經占總設備容量的10％以上，發電量也有5％以上。世界各國對未來也都訂下了很高的目標。

但是風力發電的發電量會依風力強弱而改變。每個國家都大費周章，讓供電網路能接受這樣的變動電源。丹麥的風力發電對供電系統灌輸率是全球第一，平均有16％（夜間超過50％），這是因為該國供電網路連接到北歐各國的強力電力網Noedel，藉由水力發電來調整負載才能達到這個水準。

另外，西班牙國內七成以上的風車都經由遠程裝置連接到單一的供電控制室，當風力發電的供應量或電壓超過一定值，就會讓部分風車停機，確保供電網路的穩定性。這樣也能承受平均12％（瞬間最大值41％）的風力發電電力。而且歐盟各國之間還正在研究一個構想，那就是用海底電纜連接英國、德國、北歐各國，再連上數十GW的離岸風車，打造全歐盟的安定供電系統。

重點BOX

- 丹麥等五個歐洲國家，有5%以上的電力來自風力發電
- 想要接受變動電源，必須強化供電網路

風力發電佔各國總電源的比例

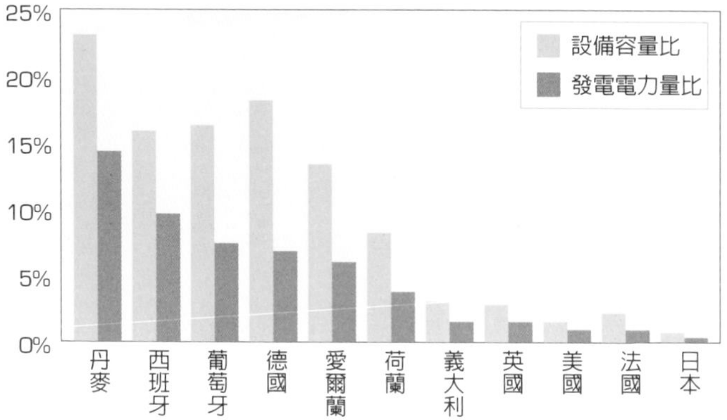

歐盟各國的超級電力網計畫

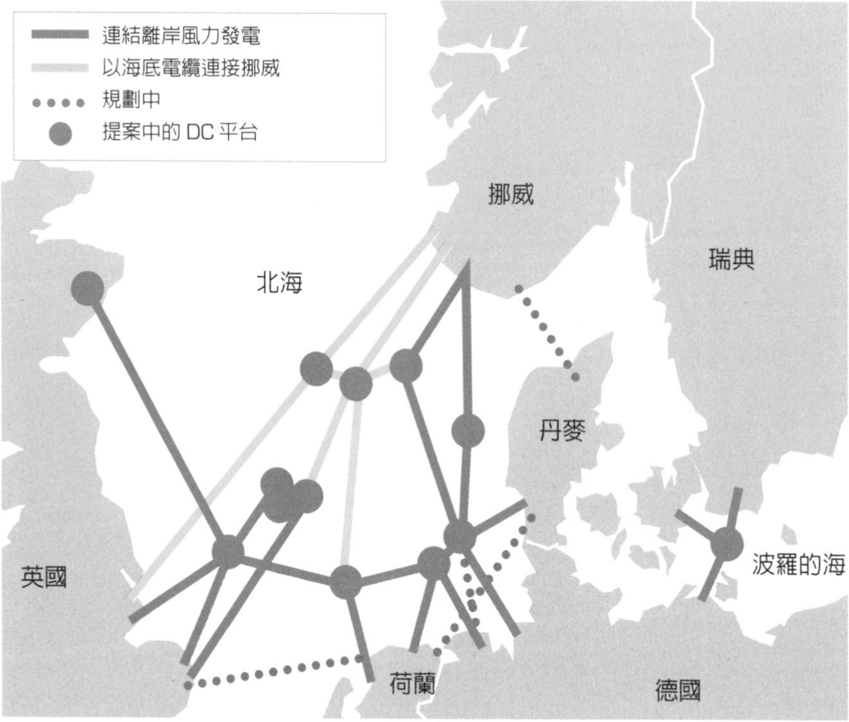

Column

哪裡可以買到小型風車？

大型風車幾乎都是三葉片螺旋槳型，小型風車則不同，種類五花八門。就連大型風車尚未實用化的垂直軸風車，小型風車也已經製造許多。如果有人想要購買小型風車，就先考慮使用目的，再來挑選機型吧。

日本國內及國外都有許多小型風車製造商，首先要看看廠商的商品目錄。外國廠商的機型比較豐富，應該可以發現讓你目瞪口呆的怪異風車。

只要拿到詳細資料，就會有包含風車全圖在內的規格項目，如果想要用在一般住宅區，可以先調查開始發電的風速（切入風速），挑選低風速啟動的風車。

另外，在「容易搞混的風力發電輸出」專欄中提過額定風速，只要看到規格表中的額定風速與額定輸出，再去跟設置地點的風速做比較，就知道一般設置在住宅區的風車，幾乎都只能發出額定電力的10％議程左右。

所以除了風力既強又穩定的海岸、山中小屋、觀測站等地點可以用風車當獨立電源之外，一般市區裝置風車頂多只有地標用途，無法期待能具有電力供應。

(a)輸出性能表

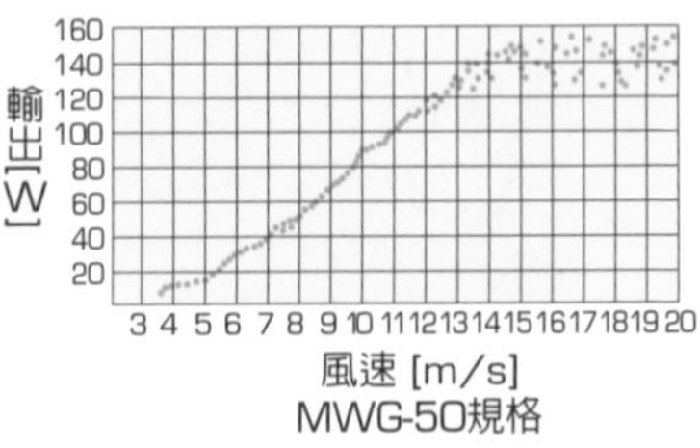

MWG-50規格

(b)規格

最大輸出	130W
開始發電風速	3.5m/sec
額定風速	8 m/sec
額定輸出	50W
最大承受風速	60 m/sec
葉片材質	FRP
葉片數量	5片
風車直徑	950mm
抗強風對策	尾翼水平偏向
電池電壓	12V（24V）
本體重量	約9.5公斤

第7章

風力發電Q&A

62 風車在不同季節的輸出是否會不同？

季風帶的風，冬強夏弱

風力發電的能源是自然風，輸出也如風一般變動。研究世界各地的風力發電區後即可發現，整年吹著穩定西風的歐洲各國，地形上經常發生強風的美國加州風谷等等，是風況適合風力發電發展的地區。當然也有像南美洲巴塔哥尼亞地區一樣，風況一流卻缺乏電力設施，而沒有實施風力發電的地方。

日本又如何呢？日本位於溫帶季風帶，一般來說冬天會有來自大陸的西北季風，夏天有來自太平洋的西南季風。但是夏季季風比冬季季風要弱，所以無法獲得像歐洲西風帶那樣全年穩定的風。

圖中表示東北電力與NEDO共同進行的風車設備使用率調查，調查對象是日本第一個風力農場，青森縣龍飛岬的十座300kW級中型風車。時間是1997年1月到1999年12月。

第47項提過設備使用率，就是表示風車運轉狀況的指數，圖中可見冬季表現較佳，但是夏季成績下滑。這就是位於季風帶的日本典型風況，也反映在風車的運轉情況上。

當然正如第13項所說，日本地形非常複雜，有許多局部風和地區性強風帶。例如山形縣庄內平原每年春天到秋天，都會有來自內陸的「清川出風」，正好彌補了夏季風力不足的缺點。不過雖然有這樣的特別地區，大致上夏季風力還是比較弱的。

重點BOX

- 日本位於季風帶，冬天季風強，夏天季風弱
- 風車設備使用率也是冬天高，夏天低

青森縣龍飛岬以十座中型風車構成之風力農場的三年設備使用率

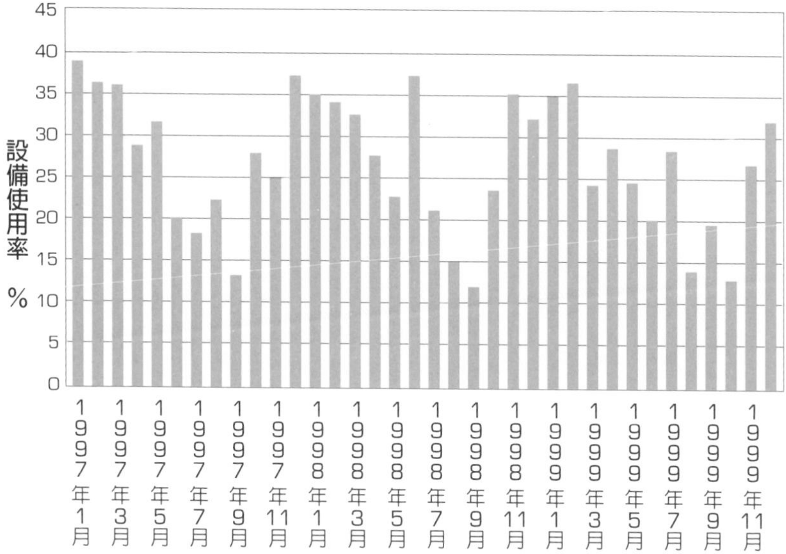

內陸地方（足利）的每月平均風速範例

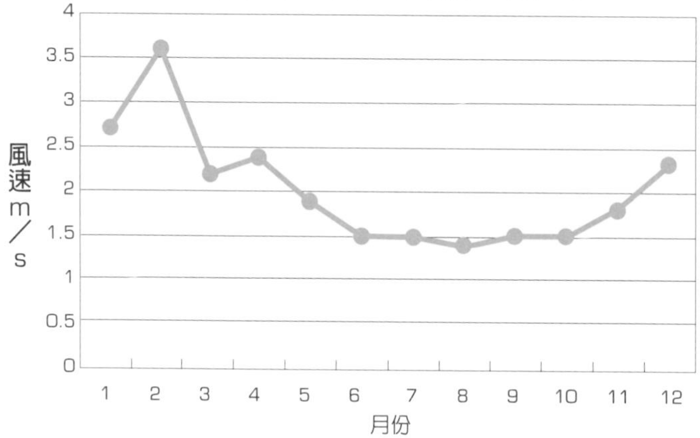

63 能撐過颱風嗎？不會被雷擊嗎？

抗颱風與雷擊的日本型風車

日本全年平均風速並不高，但是春天會有疾風，秋天會有颱風。日本從二十世紀末開始建造大型風力發電以來，大多從無颱風等強風的歐洲輸入風車，因此常常引發嚴重的倒塌意外。

於是NEDO從2005年開始花了三年時間，檢討如何對付日本特有的強風、亂流、雷電等現象，制定了日本型風車的設計準則。

這些準則包括了挑選風車時先考量颱風、停電中風車橫搖控制（風向追蹤）的維持、風向風速計預留強度、機艙外殼抗負壓技術等，經過以上這些努力終於減少了強風下的意外。

另外，風車變大之後，風車雷擊意外也增加了。日本冬季日本海方面的打雷強度，在全球屈指可數。但是歐洲卻很少打雷，所以進口風車不耐雷擊，常常被雷打壞，有時候還會發生葉片被打斷飛散的風車雷擊意外。即使打雷規模不大，感應電流也會破壞風車的控制機構。所以設計準則中規定要加大葉片上的避雷針，或是增加避雷針數量。承受電流並導入地底的接地導線，也改得更粗大以承受更多電流，才能減少風車的雷擊意外。

尤其是進口風車，一旦發生葉片破損、塔身倒塌等重大意外，就必須向生產國訂購更換零件，在零件抵達之前風車都無法運轉。這樣會降低設備使用率，對風力發電業者來說可是生死攸關的大事。

重點BOX

- 剛開始建造風車時候，進口風車容易引發倒塌意外
- 日本海方面的冬季打雷強度非常高。於是日本開發日本型風車設計準則，應付強風、亂流、雷擊

進入順槳狀態，讓風直接通過

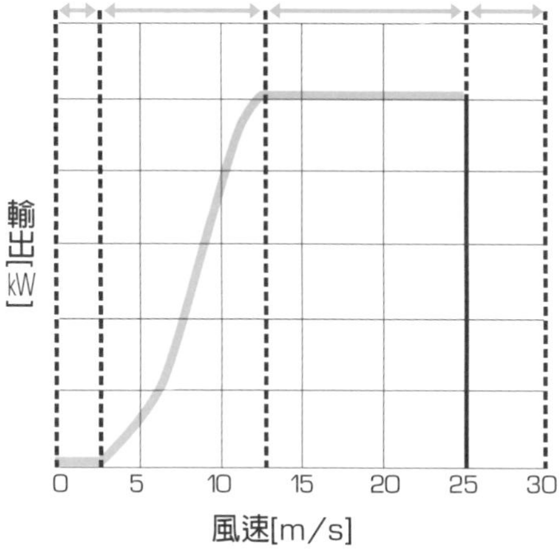

1 切入風速以下

●順槳狀態→葉片與風向平行

風車不旋轉，不發電

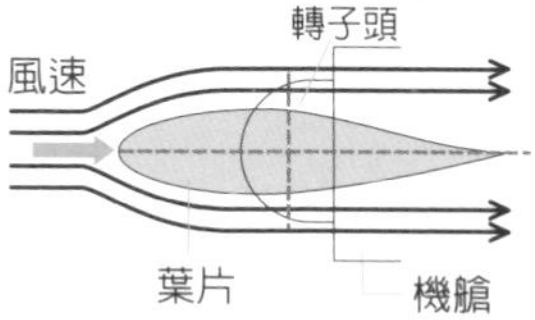

2 輸出與風速三次方成正比

3～4 產生一定的額定輸出

5 額定風速以上

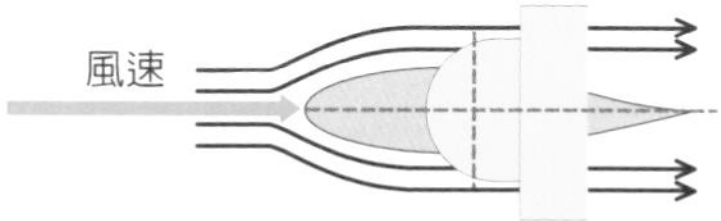

順槳狀態

機艙方向反轉180°
到下風側

風車葉片抗雷擊做法實例

附避雷針

A型
外圍導體型

B型
內部導體型

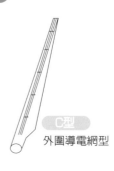

C型
外圍導電網型

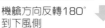

64

鳥兒會撞上風車嗎？

野鳥撞上風車的現象稱為鳥擊（Bird strike），想要防止鳥擊，必須有完善的事前評估。侯鳥有固定的遷徙路線，避開該路線是基本的考量，而稀有鳥類的築巢地點附近也不該設置風車。

風力發電對鳥類的影響，包含棲息地消失、妨礙交配、覓食地消失、撞擊風車葉片等等，但是如上圖所示，風車對鳥類造成的危害，在總量中比其他因素要低很多。

一般來說，鳥類原本的棲息地一旦出現新的建築物，就會馬上學習避開該建築，繼續在該處覓食或交配。真正有問題的是鳥群集體通過的侯鳥遷徙路徑，或是集體覓食的地面覓食區。這點可以參考日本環境省於２００９年出版的《風車設置地點調查手冊》，只要確實遵照手續，就能避免大部分的鳥擊意外。

英國皇家鳥類保護學會（ＲＳＰＢ）發表：「鳥類所面臨最嚴重、最長期的威脅，就是氣候變遷。」氣候變遷會改變地區植物生長，昆蟲的生態也隨之改變，自然影響以蟲維生的鳥類。結論是配置在正確地點的風力農場，威脅遠比氣候變遷要小得多。

死去的鳥兒無法重生，風車還是需要完整的配套措施。所以除了事先評估，還要有事後調查。風車業者與野鳥保護團體必須同心協力，取得遷徙時期停止風車運轉的共識。

重點 BOX

- ●風車造成的鳥類死傷數字相當少
- ●侯鳥的遷徙路徑相當明顯
- ●稀有鳥類築巢地點附近不可以設置風車

野鳥的死傷原因

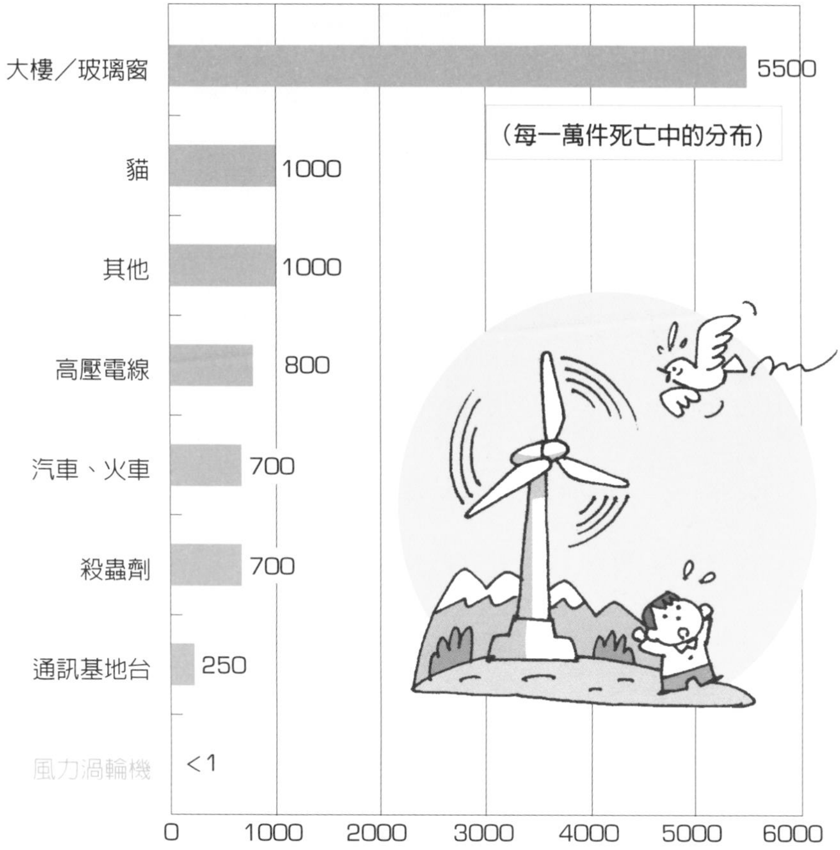

出處：Erickson et al, Summary of Anthropogenic Cause of Bird Mortality, 2002

發電設施造成的鳥類致死率研究

美國鳥類死亡數（2006年）

發電設施	鳥類死亡數	每單位發電量 [GWh]
化石燃料	約 1,450 萬	5.2
核能	約 327,000	0.4
風力發電	約 7,000	0.3

（Sovacool, B.K. 2009）

停止使用化石燃料，不僅可以減少二氧化碳，還可以減少鳥類死亡

65 風車的噪音可以承受嗎？

低頻噪音較有問題

在許多種原動機之中，風力發電裝置是唯一有讓旋轉部分暴露在大氣中運轉的機械，所以自古以來安全性與噪音問題一直是風車的重點。目前安全性幾乎已經無虞，但是另一方面，噪音問題卻尚未獲得解決。

一般來說，風車噪音大致分成兩種。一種叫做機械噪音，也就是機艙中加速齒輪與發電機所產生的噪音，另一種就是葉片切風造成的空氣力學噪音。IEC（國際電工委員會）對這些噪音訂出標準，離風車200公尺的位置，最大噪音必須在45dB（A）以下。

剛開始實用化的風力發電風車，由於缺乏經驗，風車的噪音都很大，如今只要有些距離，就幾乎聽不到噪音。但是最近開始出現低頻噪音問題。由於人類耳朵聽不到低頻噪音，而且每個人感受程度不一，所以相當複雜。

低頻噪音，就是指頻率為1 Hz～80 Hz之間的聲音，包含了可聽見音（audible sound）和不可聽見音（unaudible sound）。其中頻率為1 Hz～20 Hz之間的不可聽見音被稱為「超低頻音」。低頻音的起因與一般噪音一樣，來自飛機、鐵路等交通工具，以及建築、工廠等各種設施。發生原因有衝撞、衝擊、摩擦、旋轉、亂流、脈衝、渦流、共鳴、共振、壓縮、膨脹、燃燒、爆炸、磁場、電磁力等等。

低頻音和可聽見音一樣，會隨著距離而衰退，但是頻率低波長就長，很容易繞過隔音牆，所以防堵不易也是事實。風力發電業者與打算設置風車的地方政府，必須事先進行調查，對當地民眾詳細說明噪音、景觀、鳥擊等環境影響，讓居民確實理解。

重點BOX

- ●風車噪音也有國際標準
- ●可聽見音問題不大，低頻噪音才是問題
- ●只要離風車夠遠就能解決問題

風車噪音型態

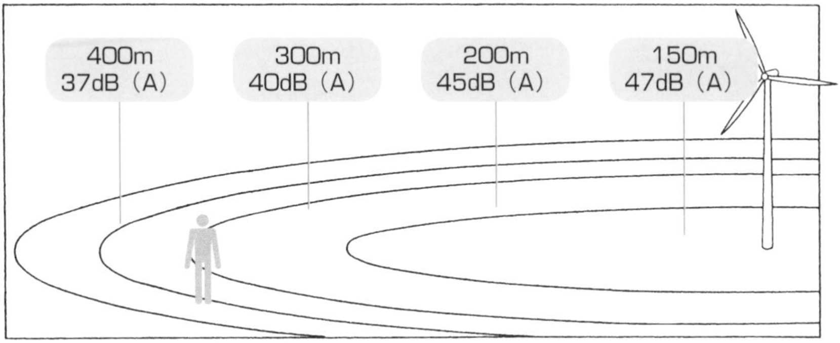
400m
37dB（A）
300m
40dB（A）
200m
45dB（A）
150m
47dB（A）

相對噪音等級

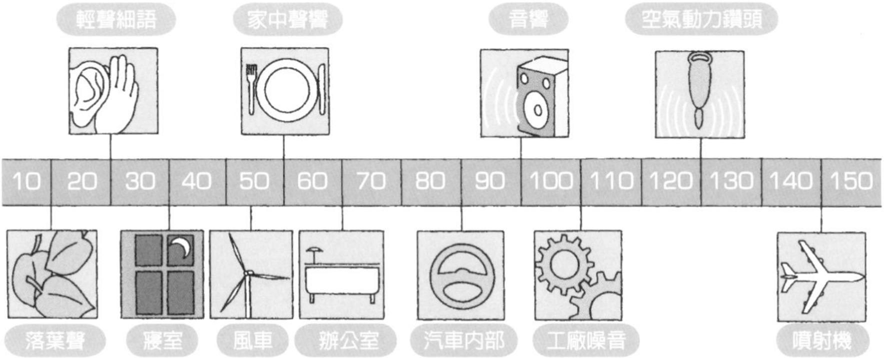
輕聲細語
家中聲響
音響
空氣動力鑽頭
10
20
30
40
50
60
70
80
90
100
110
120
130
140
150
落葉聲
寢室
風車
辦公室
汽車內部
工廠噪音
噴射機

低頻音與噪音的關係

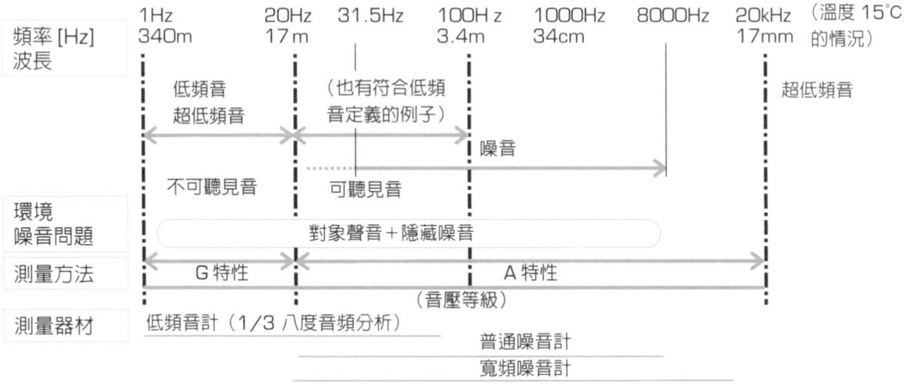
頻率 [Hz]
波長
1Hz
340m
20Hz
17m
31.5Hz
100Hz
3.4m
1000Hz
34cm
8000Hz
20kHz
17mm
（溫度 15℃的情況）
低頻音
超低頻音
（也有符合低頻音定義的例子）
超低頻音
噪音
不可聽見音
可聽見音
環境噪音問題
對象聲音＋隱藏噪音
測量方法
G 特性
A 特性
（音壓等級）
測量器材
低頻音計（1/3 八度音頻分析）
普通噪音計
寬頻噪音計

66 風車的壽命有幾年？

風車壽命參考值是二十年

一般風車壽命都設計為二十年，但是隨著材料強度提升與設計工程進步，還有可能變得更長。大型風車總計由大約一萬個零件所構成，葉片等主要零件的壽命是二十年。塔身等結構元件雖然有三十年以上的壽命，但是也有些每次保養都需要更換的消耗性零件。

說到風車壽命，最重要的部分就是看得到的葉片，和看不到的加速機齒輪、軸承。日本地形複雜、風向多變，作用於葉片上的負載不停變動，疲勞度的累積令人擔憂。為了測量葉片的強度，會將二十年份的動態變動載重濃縮成半年份，對葉片進行半年的疲勞度實驗。

另一方面，也要根據春疾風、颱風等暫時性強風的最大強度，來決定葉片強度。實驗方法是固定葉片根部，慢慢放上模擬強風的載重。這樣就知道葉片可以承受多大的載重。

至於風力發電機的加速機，就真的是極為操勞了。一般齒輪箱，是用來將蒸氣渦輪機等機械的固定高轉速轉換為固定低轉速，但是風車要將隨時變動的超低轉速，以與風車尺寸成正比的加速比（2MW風車約為一百倍），加速到發電機所需的1500轉或1800轉。所以風力發電機的加速機，比一般齒輪減速機的壽命要短。

另外，風車會因為風吹風停而時轉時停，當潤滑油膜在停止中變薄，啟動時就很容易傷害齒輪或軸承滾珠。

重點BOX
- ●通常風車壽命都設計成二十年左右
- ●大型風車大約由一萬個零件所構成
- ●葉片、加速機、軸承特別重要

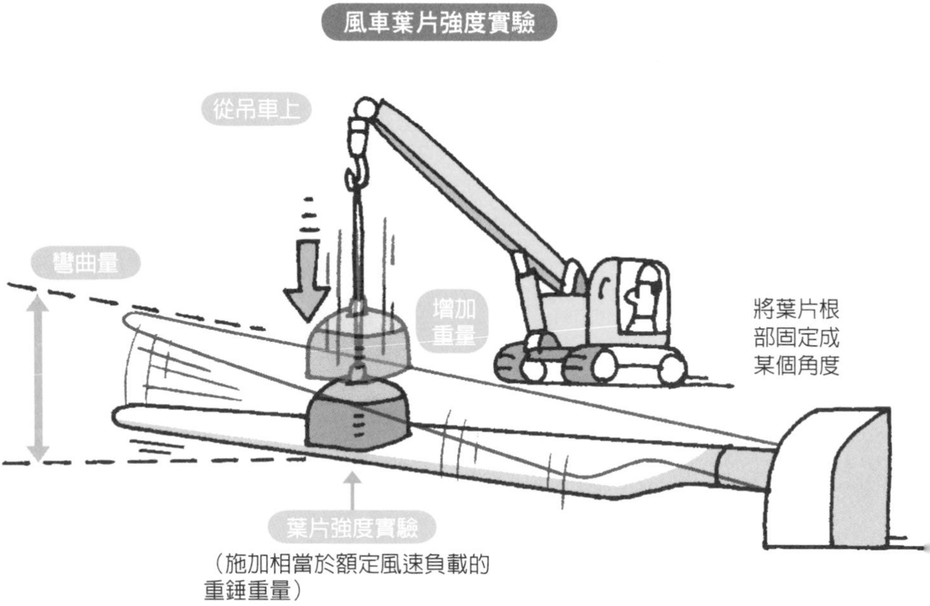

風車葉片強度實驗
從吊車上
彎曲量
增加
重量
將葉片根
部固定成
某個角度
葉片強度實驗
（施加相當於額定風速負載的
重錘重量）

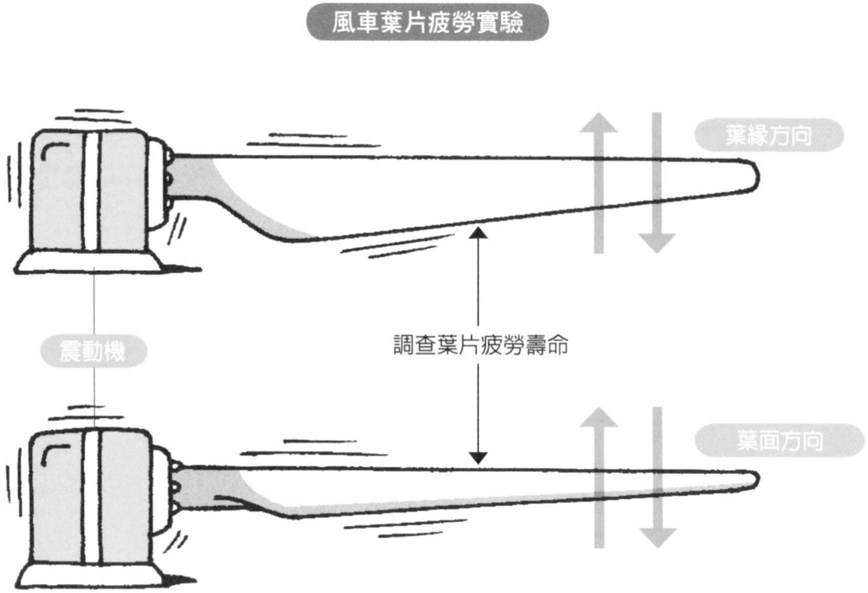

風車葉片疲勞實驗
葉緣方向
震動機
調查葉片疲勞壽命
葉面方向

67 風車為何會故障？

最怕打雷和颱風

風力發電系統越來越大型化，也是越來越重要的電源之一，但是巨大的葉片沒有機殼保護，直接在大氣中旋轉，就會直接受到颱風、雷擊等自然現象的破壞。尤其是雷擊，當風車輸出規模超過1000kW，葉片尖端高度超過100公尺之後，發生機率就變得很高。

NEDO的「風力發電設施故障．意外資訊之收集分析業務」以及「次世代風力發電技術研發事業」中，就有收集全日本風車發電廠的問卷調查，並在意外發生時立刻派遣專家進行現場調查。結果如圖所示，故障意外的發生因素包含自然現象和風車內元件故障，但是高比例的不明原因故障卻讓人擔心。

至於故障．意外的發生部位，主要是葉片、螺距控制機構、控制機構、電氣裝置、風向風速計等等。不同風車規模（輸出）的故障．意外發生狀況，不同風車廠商產品的意外發生狀況，不同風車機種的意外發生狀況，也都找到了解答。於是根據這些意外案例，針對故障部分與故障內容整理出各自的「最佳處理方式」。

往後的課題，應該是收集並分析維護、管理、維修的基礎資料，以防止故障發生，保持風車完整性。尤其是日本獨特環境條件所引發的故障與意外，更應該收集詳盡資料，找出故障．意外的原因，進而提出解決方案。

至於以往找不出原因而直接修復的故障，風力發電業者與風車廠商應該積極探求原因，防止故障再次發生。

重點BOX

- 葉片、控制機構、電氣裝置、風速感測器等部位較常故障
- 找出風車故障與意外的原因之後，就會反映在設計上

風車故障·意外的發生原因（平成20年度）

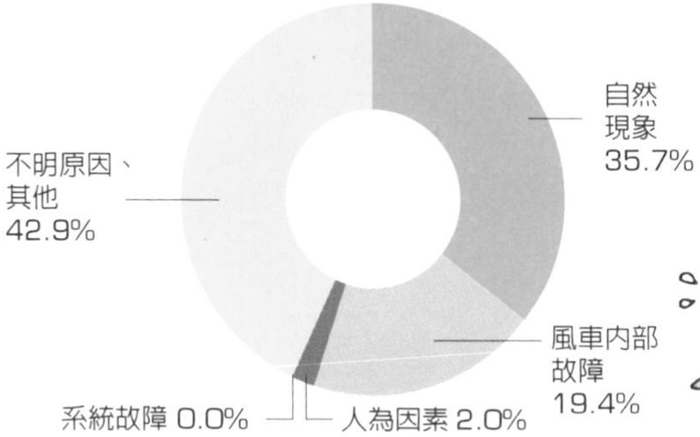

不同發生部位的統計（平成20年度）

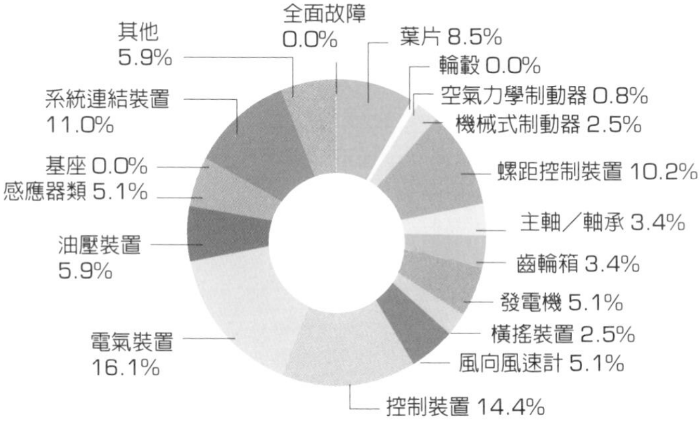

打雷、強風所造成的故障、意外發生次數演變

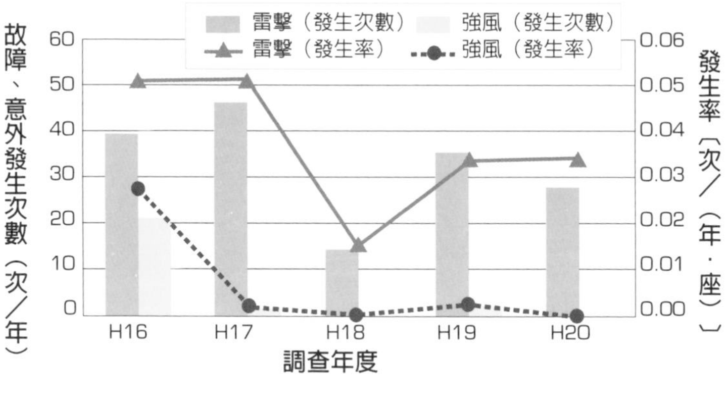

十一劃

十二劃

十三劃

十四劃

十七劃

十八劃

二十一劃

索引

英文

二劃

三劃

四劃

五劃

六劃

七劃

八劃

九劃

十劃

國家圖書館出版品預行編目資料

一張圖讀懂風力發電 / 牛山泉著；李漢庭譯.
-- 初版. -- 新北市：世茂, 2020.03
面；　公分. --（科學視界 ；246）

ISBN 978-986-5408-17-6（平裝）

1.風力發電

448.165　　　　108023167

科學視界 246

一張圖讀懂風力發電

作　　者／牛山泉
審 訂 者／林輝政
譯　　者／李漢庭
主　　編／楊鈺儀
責任編輯／李芸
封面設計／ Lee
出 版 者／世茂出版有限公司
地　　址／（231）新北市新店區民生路 19 號 5 樓
電　　話／（02）2218-3277
傳　　真／（02）2218-3239（訂書專線）、（02）2218-7539
劃撥帳號／ 19911841
戶　　名／世茂出版有限公司
世茂網站／ www.coolbooks.com.tw
排版製版／辰皓國際出版製作有限公司
印　　刷／傳興彩色印刷有限公司
初版一刷／ 2020 年 3 月

ＩＳＢＮ／ 978-986-5408-17-6
定　　價／ 300 元